ルポ　軍事優先社会
——暮らしの中の「戦争準備」

吉田敏浩
Toshihiro Yoshida

岩波新書
2053

はじめに

加速する米日軍事一体化と戦争準備

二〇二四年一〇月二七日の総選挙で、自民・公明両党の与党議席は過半数を割り、一〇月一日に就任した石破茂首相は、少数与党で政権を運営せざるをえなくなった。一二年末に成立した第二次安倍晋三政権以来の自民党一強の構図が崩れ、政治状況は流動化している。

しかし一方で、岸田文雄前政権が異常ともいえる力をそそいできた大軍拡と軍事費膨張、米日軍事一体化の動きは、着々と進んでいる。総選挙と同時期の二〇二四年一〇月二三日〜一一月一日、自衛隊と米軍を合わせた参加人員約四万五〇〇〇人という、過去最大級の日米共同統合演習「キーン・ソード25」(「鋭い剣25」)が、沖縄県与那国島《よなぐにじま》から鹿児島県種子島《たねがしま》にかけて連なる南西諸島と九州を中心に、沖縄から北海道まで全国各地でおこなわれた。

自衛隊側は陸・海・空自衛隊の隊員約三万三〇〇〇人と艦艇約三〇隻と航空機約二五〇機、米軍側は陸・海・空軍と海兵隊の隊員約一万二〇〇〇人と艦艇約一〇隻と航空機約一二〇機が参加した。少数のオーストラリア軍とカナダ軍の隊員も一部の訓練に参加した。台湾有事にアメリカが軍事介入して中国と交戦状態に入り、米軍が在日米軍基地から出撃することで日本も戦争に巻き込まれ、自衛隊も参戦して米軍と共同作戦をする事態を想定したものとみられる。

訓練・演習の内容はきわめて実戦的だった。米海兵隊の高機動ロケット砲システム「HI-MARS（ハイマース）」を、沖縄県石垣島の新石垣空港に米海兵隊のKC130輸送機で空輸し、陸上自衛隊（以下、陸自）石垣駐屯地に運んで機動展開する訓練と、沖縄本島・宮古島・石垣島・奄美大島・徳之島での陸自の地対艦ミサイル部隊の機動展開・対艦戦闘訓練は、海兵隊と陸自の部隊が連携して中国軍の軍艦を攻撃することを想定したものだろう。

ほかにも、米空軍嘉手納《かでな》基地（沖縄県）の滑走路がミサイルなどで攻撃され、損傷した場合に備える滑走路被害復旧訓練。CBRN（化学・生物・放射線・核）兵器による攻撃への対処訓練。九州・沖縄各地の航空自衛隊基地がミサイルなどで攻撃されて使用できなくなった場合に備え、北九州・長崎・福江・熊本・宮崎・奄美・徳之島の各民間空港に自衛隊の戦闘機などが離着陸して燃料給油や機体点検をする訓練。

新石垣空港や与那国空港から「患者」（戦時に負傷した自衛隊員や住民なども想定したとみられる）を陸自V22オスプレイで沖縄本島に搬送するための訓練。陸自与那国駐屯地から住民や観光客を陸自V22オスプレイで島外に避難させるための訓練。徳之島などでは島全体を戦場に見立て、海岸、漁港、運動公園、山地などで着上陸・パラシュート降下・偵察・山地機動など、民間地を幅広く使う「生地《せいち》訓練」。

いずれも沖縄や九州が戦場となり、米軍や自衛隊だけでなく民間人にも被害が及ぶことを想定したものであろう。沖縄・九州では、次々と自衛隊のミサイル部隊が配備され、弾薬庫やオスプレイの基地も造られ、中国を睨《にら》んだ軍事要塞化が進んでいる。

このように米日軍事一体化、アメリカ政府・米軍の対中国封じ込め・攻撃戦略に追随する日本政府・自衛隊の戦争準備が加速している。それは当時の岸田政権が二〇二二年一二月一六日に閣議決定した「安保三文書」(国家安全保障政策の基本方針を掲げる最上位の文書「国家安全保障戦略」、それにもとづき防衛[軍事]政策の目標とその達成に向けた手段を定める「国家防衛戦略」、自衛隊が中長期的に保有すべき防衛力の水準を必要な装備や経費もふくめて示す「防衛力整備計画」)による大軍拡と軍事費膨張の一環である。

「安保三文書」と敵基地・敵国攻撃能力

「安保三文書」は「専守防衛に徹し」て「他国に脅威を与えるような軍事大国」にはならな

いというが、あまりにも事実と異なる。「反撃能力」と言い換えてごまかしているが、実態は中国や北朝鮮の領土などに届く長射程ミサイル（射程一〇〇〇〜三〇〇〇キロ）の配備を中心に敵基地・敵国攻撃能力の保有を柱とし、専守防衛を逸脱する軍事大国化を目指すものだ。

他国攻撃が可能で脅威を与える長射程ミサイルなど、攻撃性の高い兵器の保有は「自衛のための必要最小限度の範囲」を超え、憲法第九条に違反する。ところが、岸田政権（当時、以下同）は国会での議論を抜きに閣議決定で一方的に保有を決めた。そして、二〇二三〜二七年度の五年間の軍事費（防衛費）を計四三兆円ほどに増額するとした。二四年度予算の軍事費は過去最高の七兆九四九六億円（米軍再編関係経費などもふくむ）、二五年度予算案では八兆七〇〇五億円（米軍再編関係経費などもふくむ）と、激増している。

その背後にはアメリカからの軍事費の対ＧＤＰ（国内総生産）比二パーセント以上への増額要求がある。二パーセントに達したら年間の軍事費は約一一兆円に膨れ上がり、日本はアメリカ、中国に次ぐ世界三位の軍事費大国となる。「安保三文書」の背景には、アメリカの要求と、それに呼応して、第二次安倍政権以来、右派政治家の主導で軍事大国化を目指す自民党・政府内の思惑がある。

安保法制（戦争法制、二〇一五年）では、これまで違憲とされてきた集団的自衛権の行使を、当時の安倍政権が強引な閣議決定（一四年）による解釈改憲で容認し、自衛隊が米軍に付き従って戦争ができる法制度を整えた。しかし、アメリカの対中国封じ込め・攻撃戦略の一環を実効的に担える軍事力（長射程ミサイルなどによる敵基地・敵国攻撃能力）を、自衛隊はまだ備えていない。そこで、集団的自衛権の行使に実効性を持たせるため、「安保三文書」で敵基地・敵国攻撃能力の保有を決めたのであろう。

「国家安全保障戦略」では、日本が攻撃されていなくても、安保法制の「存立危機事態」（集団的自衛権の行使）の要件を満たせば、アメリカなど密接な関係にある他国への第三国からのミサイル発射準備など、「武力攻撃の着手」の時点で、こちら側から攻撃できるとされる。つまり集団的自衛権の行使として、米軍とともに自衛隊が第三国に対して国際法違反の先制攻撃をすることもありえるのである。その手段を長射程ミサイルなどの保有で日本は手に入れる。

しかし、それはアメリカの戦争に日本が加担して、その結果、戦火に巻き込まれるリスクを背負うことを意味する。浜田靖一防衛大臣（当時、以下同）は二〇二三年二月六日の衆議院予算委員会で、集団的自衛権の行使として敵基地攻撃をした場合、「事態の推移によっては他国からの武力攻撃が発生」し、「大規模な被害が生じる可能性」もあることを認める答弁をした。

結局、日本がアメリカの対中国封じ込め・攻撃戦略の捨て石のように利用され、大きな犠牲を強いられかねないのである。

軍事優先の国策と棄民政策

それを肌で感じ取り危機感を強めているのが、沖縄と九州などで自衛隊のミサイル部隊配備、弾薬庫やオスプレイ基地の建設、民間空港・港湾の軍事利用に反対する人びとだ。有事＝戦争が起きれば、基地も弾薬庫も、軍民共用化された空港も港も、真っ先に攻撃目標とされる。地域住民も深刻な戦禍を被る。犠牲を強いられる。自衛隊と米軍は住民に被害が及ぶことも織り込んだ共同軍事作戦を立案している。暮らしの場に軍事の力学が有無を言わせず踏み込んできている。地域が戦争の拠点になることで、戦争の被害者にも加害者にもなってしまう。そうならないために、地域の軍事化に抗する人びとがいる。本書では、その声と姿を取材し紹介する。

「安保三文書」による大軍拡には実戦部隊のマンパワーの拡充も必要だ。しかし、少子化と若年人口の減少に伴い、自衛官応募者が激減し、自衛隊は慢性的な人員不足だ。そのため「安保三文書」は「人的基盤の強化」を掲げ、自治体と連携し自衛官募集に力を入れるとして、自衛隊は自衛官募集のダイレクトメール用に若者名簿の提供を自治体に求めている。住民基本台帳から一八歳や二二歳になる男女の氏名・住所・生年月日・性別といった個人情報を抜き出し、名簿にして自衛隊に渡す自治体が増えている。しかし、それはプライバシー権と地方自治を侵害し、戦前のように自治体を有事の動員体制に組み込む動きと化し、改憲の動きとも結びついて、将来的に新たな徴兵制にもつながりかねない問題である。

軍事費の膨張は防衛産業と呼ばれる軍需産業(兵器産業)に莫大な利益をもたらす。業界は「ミサイル特需」ともいわれるブームに沸き立つ。「安保三文書」の防衛産業強化策にもとづき、助成金や政府系資金の融資など優遇策を盛り込んだ防衛産業支援法(軍需産業強化法)も制定された。政府は武器輸出三原則を大幅に緩和し、武器輸出の促進も打ち出している。日本・イギリス・イタリアが共同開発する次期戦闘機の、日本から第三国への輸出も解禁された。このままでは日本もアメリカのような武器輸出で儲ける「死の商人」国家へと変質しかねない。常に戦争と軍需景気を欲するアメリカの軍産学複合体の日本版が出現しかねない。

軍事費膨張はアメリカ製兵器の「爆買い」による兵器ローンの増大も伴う。右肩上がりの軍事費増のしわよせは、増税や社会保障費の抑制・削減など国民負担の増大に及ぶだろう。軍事優先のままでは、憲法が保障する生存権・社会保障は圧迫、侵害されるばかりだ。日本社会はいま「ミサイルか、ケアの充実か」の選択を問われている。

米日軍事一体化は、自衛隊が事実上米軍の指揮下に入る、日米「指揮統制」連携強化にまで及ぼうとしている。それは主権の一部をアメリカに差し出すに等しい。米軍の対中国はじめ世界的な軍事戦略に自衛隊が組み込まれ、駒扱いされてしまうおそれが高まる。米日軍事一体化の本質は、米軍への従属的一体化であり、日本政府の積年の対米従属路線の反映である。

そもそも外国軍隊である米軍に治外法権的な数々の特権を認めた日米地位協定のもと、日本における米軍の活動に対し政府は必要な規制をかけられず、主権を及ぼせない(主権なき)状態が長年続いている。米軍機の騒音公害や基地からの環境汚染など、米軍による人権侵害にまったく歯止めをかけられない。米日軍事一体化はこの不平等な地位協定体制の延長線上にあり、「安保三文書」の軍事優先の国策は、結局はアメリカ優先、米軍優先に結びつく。主体性なき軍拡、主権なき「軍事大国」化といえる。国の進路を誤る危うい現実が浮かび上がる。

横田、厚木、嘉手納、普天間《ふてんま》、岩国の各米軍基地の周辺住民は、国(日本政府)を相手取り、米軍機の夜間・早朝の飛行差し止めと騒音被害に対する損害賠償を求める訴訟を繰り返してきた。判決は騒音公害の違法性と損害賠償は認めるが、飛行差し止めは認めない。米軍の活動に日本政府の規制は及ばないので差し止めはできないと裁判所は判断する。行政も司法も米軍優先で、住民の人権は二の次だ。その理不尽な実態を第三次厚木基地爆音訴訟の原告団長は、「基地周辺の住民は日本国家によって見捨てられている、棄民にされている」と言い表した。

この軍事優先と表裏一体の棄民政策の構造は、「安保三文書」による大軍拡、軍事費膨張、米日軍事一体化にも共通している。政府は日本全土の戦場化を想定し、ミサイル攻撃や核・生物・化学兵器などの攻撃にも耐えられるよう、全国で自衛隊基地の司令部などの地下化、壁の強化など「強靭化《きょうじん》」計画に多額の予算をつけて進めている。多くの国民・市民が戦禍に巻き込まれて死傷しても、自衛隊の組織中枢だけは生き残ろうとする発想が透けて見える。自衛隊が最優先させるのは自衛隊組織中枢と国家機構であって、国民・市民の生命を守ることは二の次ではないか。まさに棄民政策としか言いようがない計画である。かつて国体護持のため県民が捨て石にされ、犠牲を強いられた沖縄戦の体験者が語る、「基地があったから戦争になった。軍隊は住民を守らない。軍は軍そのものを最優先させる」という歴史の教訓が、一層重みを増す現実がある。

「新しい戦前」といった言葉が口の端にのぼる今日、日本社会は「安保三文書」による大軍拡、軍事費膨張、米日軍事一体化のもと、軍事優先の色を濃くしつつある。しかし、「安全保障は国の専管事項」という政府の主張をうのみにして思考停止におちいるわけにはいかない。「政府の行為によって再び戦争の惨禍が起ることのないよう」に(憲法前文)、私たちの社会を、棄民政策を組み込んだ軍事優先に変質させないことが、いま求められている。

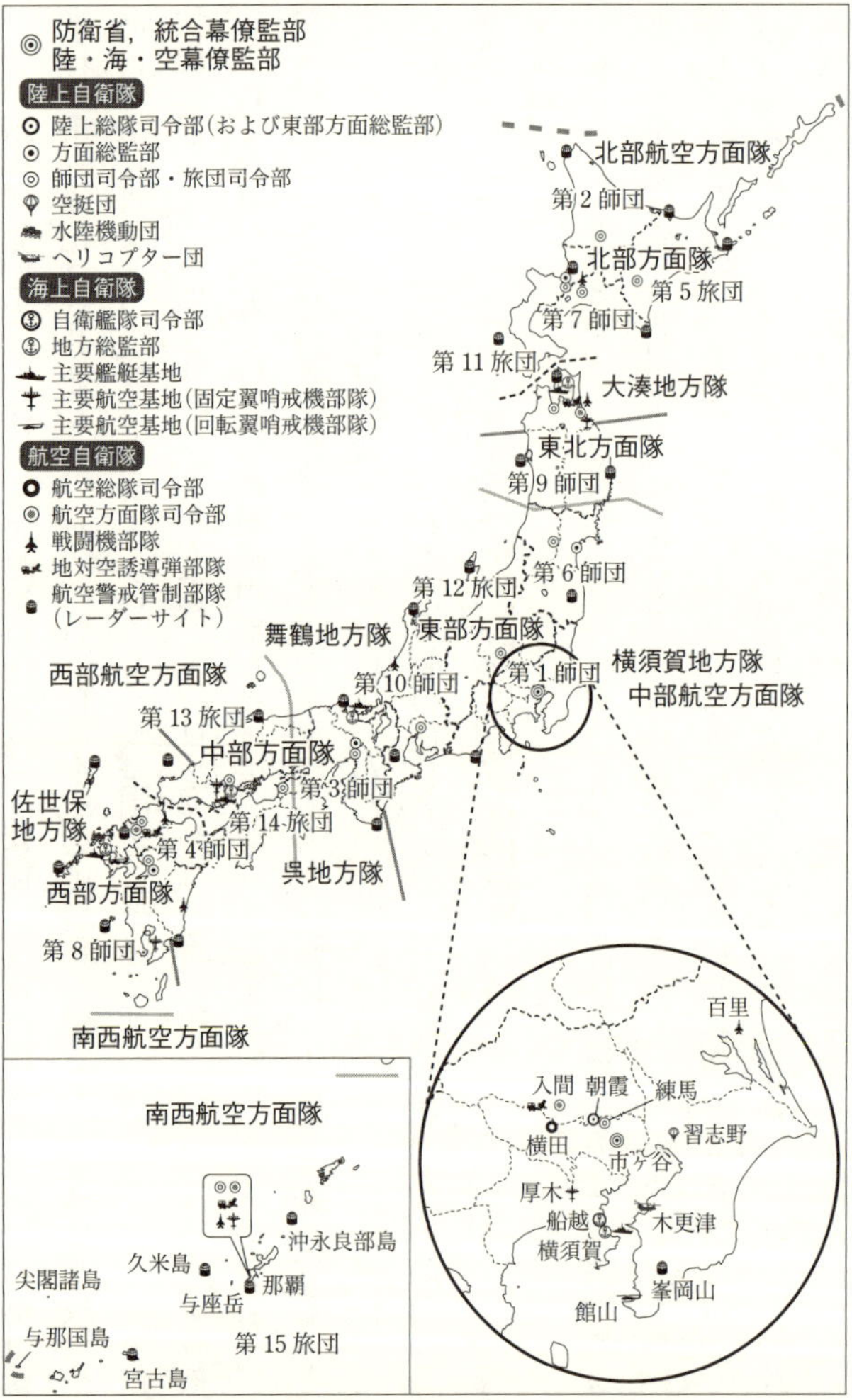

自衛隊の主要部隊などの所在地(2023年度末現在)

出所：『防衛白書』令和6年版(2024年版)をもとに作成.

目　次

はじめに……i
加速する米日軍事一体化と戦争準備／「安保三文書」と敵基地・敵国攻撃能力／軍事優先の国策と棄民政策

第1章　地域が戦争の拠点に
——ミサイル基地・弾薬庫がもたらす棄民政策……1
ミサイル弾薬庫の増設と大軍拡／激増する弾薬整備費／他国攻撃が可能な長射程ミサイルを保管／南西諸島の自衛隊ミサイル部隊／住民も戦火に巻き込む軍事作戦／沖縄戦の歴史の教訓／国民保護という名の棄民政策／アメリカの戦争に日本が巻き込まれるリスク／自衛隊だけ生き残ろうとする基地の強靭化／有事の煽動と戦争準備／戦争体制の背後にある軍産学複合体の利益／対話と

信頼醸成を通じて戦争を防ぐべき

第2章　徴兵制はよみがえるのか
――自治体が自衛隊に若者名簿を提供 …… 41
自衛隊から突然のダイレクトメール／大軍拡と自衛官募集の強化／自衛隊員が戦場に送られるおそれ／自衛隊への名簿提供違憲訴訟／プライバシー権を侵害する名簿提供／軍事優先の法的根拠の拡大解釈／戦前の徴兵制の兵事事務と似ている点／徴兵制の土台ともなりえる仕組み／「経済的徴兵制」を視野に対策／自治体を戦争体制に組み込む動き／兵事係の再来を許してはならない／軍事優先の国策への異議申し立て

第3章　軍事費の膨張と国民の負担
――侵食される社会保障と生存権 …… 73
武器輸出反対の声／「死の商人」国家への堕落／「死の商人」養成策を国策に／軍需産業への手厚い財政支援／ミサイル特需と軍需産業の利益拡大／防衛省設置の有識者会議に三菱重工会長が／膨

れ上がる兵器ローン／財政民主主義に反する軍事費の特別扱い／軍事費が社会保障を圧迫／生活保護費の削減と生存権の侵害／いのちのとりで裁判／セーフティネットの大切さ／ミサイルかケアの充実か

第4章　主体性なき軍拡、主権なき「軍事大国」化 ……… 115
――米戦略への歯止めなき従属
日米首脳会談と米日軍事一体化／軍事作戦で主導権を握る米軍／自衛隊が米軍の事実上の指揮下に／安保条約を曲解しアメリカの戦争に追随／米軍と自衛隊の連携の拡大／米日統合司令部と日米指揮権密約／アメリカが統帥権を握る／米軍優位の不平等な日米地位協定／米軍機による騒音公害を訴える裁判／米軍基地がもたらすＰＦＡＳ汚染／基地への立ち入り調査を阻む地位協定と米軍の壁／住宅地に銃口を向ける米軍機／法的根拠のない低空飛行訓練／米軍の軍事的ニーズに合わせて／日米合同委員会の密室協議と密約／日米安保・同盟の冷厳な本質

第5章　対米従属の象徴・オスプレイ
――危険な「欠陥機」を受け入れる唯一の国 …… 165
オスプレイの墜落事故と飛行再開／米軍特殊部隊員を運ぶオスプレイ／危険なパラシュート降下訓練／アメリカの世界戦略に組み込まれた基地／オスプレイの超低空飛行を認めた日米合同委員会／佐賀空港へのオスプレイ配備／基地建設工事の差し止めを求める訴訟／住民を戦争に巻き込む空港の基地化／共有地としての権利無視の土地買収／有明海の海苔養殖への悪影響を危惧／矛盾する国側の主張／米軍による軍事利用への懸念／平和な環境と宝の海を未来の世代に

第6章　有事体制に組み込まれる自治体
――空港・港湾の軍事利用にどう抗するか …… 201
大軍拡と空港・港湾の軍事利用／軍民両用と有事の部隊展開の狙い／「特定利用空港・港湾」の指定／軍事利用の既成事実づくり／住民の犠牲も織り込みずみの空港・港湾利用／下地島空港の軍事利用を認めない沖縄県／軍事利用を防ぐ「屋良覚書」／平時か

ら戦時まで切れ目なく／米軍による空港・港湾の軍事利用／自治体は空港・港湾の軍事利用を拒否できる／自治体を国の下請け機関に——地方自治法改正の狙い／緊急事態条項の新設をもくろむ自民党改憲案／「再び戦争の惨禍」が起きないように

主要参考文献 …… 239

あとがき …… 243

＊出典などのことわりのない写真は著者撮影。

第1章　地域が戦争の拠点に

――ミサイル基地・弾薬庫がもたらす棄民政策

宮古島駐屯地のミサイル部隊車両と自衛隊員

ミサイル弾薬庫の増設と大軍拡

上部に有刺鉄線を張ったフェンスが、住宅地の道ぞいに延びる。その向こうに、木立を背にして赤地に白抜きの「火気厳禁」のプレートがものものしい。そこは陸上自衛隊（以下、陸自）大分分屯地（大分市鴛野《おしの》）、通称敷戸《しきど》弾薬庫だ。駐屯部隊は陸自九州補給処大分弾薬支処、第一〇一弾薬大隊などである。

分屯地はＪＲ大分駅の南約六キロのところにある。豊肥線大分大学前駅の正面、交通量の多い国道一〇号線沿いの、敷戸団地など住宅密集地の真ん中に残る丘陵地で、面積は約一五六ヘクタール。付近には保育所、幼稚園、小中学校、大学、病院、介護施設、商業施設もあり、近隣の五つの小学校区内だけでも約二万世帯四万人が暮らす。

「ここに大型弾薬庫が増設されます。政府は明らかにしませんが、他国攻撃が可能な長射程ミサイルの保管用です。ロシアとウクライナの戦争でも弾薬庫が標的にされているように、仮にここが攻撃されて爆発したら周辺住民も大変な被害を受けます。あたり一帯は大分市のベッドタウンですが、増設予定地から最も近い住宅地まで、直線で約四〇〇メートルしかなく、そこには保育所も幼稚園もあります」

こう顔を曇らすのは、地元の敷戸北町の元自治会長で、弾薬庫増設に反対する住民などが結成した「大分敷戸ミサイル弾薬庫問題を考える市民の会」(以下「市民の会」)共同代表、宮成昭裕さん(七四)だ。大分分屯地の弾薬庫増設を防衛省が明らかにしたのが、二〇二三年二月。「市民の会」は同年八月に発足した。

大分分屯地弾薬庫のフェンスそばの住宅地

ミサイル弾薬庫の増設は「安保三文書」(「国家安全保障戦略」「国家防衛戦略」「防衛力整備計画」)にもとづく大軍拡の一環である。「安保三文書」は「反撃能力」と称する敵基地・敵国攻撃能力の保有を柱とする。専守防衛を逸脱する攻撃性がいちじるしい。

他国に脅威を与える長射程ミサイルなど攻撃性の高い兵器の保有は、「自衛のための必要最小限度の範囲」を超え、憲法第九条に違反する。これまで政府は国会答弁で、敵基地攻撃は「法理的に自衛の範囲内で可能」としながらも、「他国に攻撃的な脅威を与える兵器」の保有は「憲法の趣旨ではない」としてきた。

大分分屯地弾薬庫前に立つ宮成昭裕さん

一九七二年一〇月三一日の衆議院本会議では、当時の田中角栄首相が次のように発言し、敵基地攻撃という手段を明確に否定した。

「専守防衛ないし専守防御とは、防衛上の必要からも相手の基地を攻撃することなく、もっぱら我が国土及びその周辺において防衛を行うということであり、これは我が国防衛の基本的な方針である」

しかし二〇二二年一二月、岸田政権はそれを国会での議論抜きに閣議決定だけでくつがえした。立憲主義を無視する手法で、二〇一四年の第二次安倍政権による集団的自衛権の行使容認の閣議決定から続く、政府・自民党の悪弊である。

「安保三文書」は自衛隊の「十分な継戦能力の確保・維持」のため、「必要十分な弾薬を早急に保有」すること、「弾薬の生産能力の向上」と「火薬庫〈弾薬庫〉の増設」、射程一〇〇〇〜三〇〇〇キロにも及ぶ長射程ミサイルなど各種誘導弾の「早期かつ安定的な量産」を掲げる。また自衛隊による「米軍の火薬庫の共同使用」も進めるとしている。国産のミサイルだけでは不十分として、アメリカ製の射程約一六〇〇キロで、イージス艦などから発射して対地攻撃ができる巡航ミサイル「トマホーク」も四〇〇発、輸入して配備する。

激増する弾薬整備費

従来、防衛費（軍事費）の弾薬整備費は一〇〇〇～二〇〇〇億円台だったのが、二〇二三年度に約八二八三億円と激増した。二四年度予算では約九二四九億円が計上された。一兆円台に迫る膨張ぶりである。中距離空対空ミサイル、空対艦ミサイル、一五五ミリ榴弾砲用弾薬などに充てられる。これとは別に「スタンド・オフ防衛能力」として、敵の射程外から攻撃できる長射程の一二《ひとに》式地対艦誘導弾能力向上型など、射程一〇〇〇～三〇〇〇キロの各種ミサイル用にも約七一二七億円が計上された。二五年度予算案でも、それぞれ約七六七五億円と約九三九〇億円が計上されている。

これほど巨額の予算を各種ミサイルなど弾薬の確保に充てることから、大量保管のための弾薬庫増設が必要になったのである。防衛省の計画では既存の弾薬庫約一四〇〇棟に加え、およそ一〇年間で一三〇棟ほどを増設する。

その第一弾が大分分屯地と海上自衛隊（以下、海自）大湊《おおみなと》地区（青森県むつ市）での各二棟だ。

陸自祝園《ほうその》分屯地（京都府精華町、京田辺市）と海自呉地区（広島県呉市）での調査費も合わせ、二〇二三年度予算の関連経費が計約五八億円。そのうち約四五億円が大分分屯地での建設用だった。弾薬庫は地中トンネル式で、二三年一一月二九日に着工し、完成は一棟目が二五年末、二棟目が二六年度中の見込みである。

図 1-1　2024 年度予算に盛り込まれた弾薬庫の新設

二〇二四年度予算では、陸自の大分分屯地、祝園分屯地、沖縄訓練場（沖縄市）、瀬戸内分屯地（鹿児島県瀬戸内町）、えびの駐屯地（宮崎県えびの市）、多田分屯地（北海道上富良野町）、近文台《ちかぶみだい》分屯地（北海道旭川市）、日高分屯地（北海道日高町）、白老《しらおい》分屯地（北海道白老町）、沼田分屯地（北海道沼田町）、足寄《あしょろ》分屯地（北海道足寄町）、海自の大湊地区と舞鶴地区（京都府舞鶴市）、まだ基地のない鹿児島県さつま町の計一四カ所の弾薬庫建設に向けて約二二二億円が計上された。大分分屯地にも大型弾薬庫をさらに七棟、三二年度までに増設するため、三棟分の調査・設計費約五億円が盛り込まれた。二五年度予算案でも、各地の弾薬庫整備に三三六億円が計上された。

政府は増設する各弾薬庫に何を保管することになるのか明らかにしていない。浜田靖一防衛大臣は二〇二三年二月一七日の記者会見で、「弾薬の取得量に見合う火薬庫の確保を進める」と述べながらも、保管する弾薬の種類について「自衛隊の能力を明らかにするおそれがある」と説明を避けた（『東京新聞』二〇二三年二月二八日朝刊）。しかし、新たに取得する弾薬は主に各種のミサイルであることから、その保管が弾薬庫増設の主目的なのはまちがいない。

他国攻撃が可能な長射程ミサイルを保管

国土の狭い日本のあちこちで大型弾薬庫の増設を進めれば、住宅地に近い場所での建設も避けられない。岸田首相（当時、以下同）は国会で「安全面の配慮は当然十分おこなう」と答弁したが（二〇二三年三月二日、参院予算委員会）、爆発事故や戦時に攻撃対象となるリスクから、住民が不安を抱くのも当然だ。

「着工直前の二〇二三年一一月二日、やっと防衛省九州防衛局による住民説明会が、敷戸小学校の体育館で開かれました。約一三〇人が参加して、保管する弾薬の種類や量、爆発事故や有事に標的となる危険性などを質問しましたが、「防衛上の機密で答えられない」「十分な安全対策をとる」と繰り返すだけで、私たちの不安に応えようとはしませんでした。二四年度予算案でさらに七棟もの増設計画が明らかになりましたが、説明会ではまったく出なかった話で、だまし討ちです」

そう宮成さんは防衛省・自衛隊の強引さに憤《いきどお》りを表す。冷然たる軍事の力学が有無を言わせず暮らしの場に踏み込んできている。前出の浜田防衛大臣の発言にも表れた政府の秘密主義が、住民の不安を増幅させている。防衛・軍事について国民・市民は口出しをするなと言わんばかりの防衛省の対応だ。

ミサイル保管に関し防衛省ははぐらかすが、大分分屯地から西北西に直線で約二五キロ、車で高速道路を使えば四〇分ほどの陸自湯布院《ゆふいん》駐屯地(大分県由布市《ゆふし》)に、二〇二四年三月、九州・沖縄の各ミサイル連隊とロケット中隊などを傘下に置く第二特科団(本部)が新設された。二〇二五年には約二九〇人の第八地対艦ミサイル連隊を配備する計画がある。大量のミサイルが大分分屯地の弾薬庫に保管されるにちがいない。

ミサイル連隊が運用する一二式地対艦誘導弾は、射程を約二〇〇キロから約一〇〇〇キロに延ばす能力向上型の開発・量産が進む。車両搭載式の地上発射型に加え、艦艇や航空機からも発射できるよう改良する。対地攻撃にも使えるようになる。他国攻撃が可能な長射程ミサイルだ。能力向上型は二〇二六年度に配備予定といわれる。

さらに「安保三文書」は、二〇三二年度までをめどに、飛翔軌道を変化させて攻撃する島嶼《とうしょ》防衛用高速滑空弾（射程二〇〇〇〜三〇〇〇キロの能力向上型）、音速の五倍以上で飛ぶ極超音速誘導弾（射程二〇〇〇〜三〇〇〇キロ）といった、他国攻撃が可能な長射程ミサイルの開発・量産も掲げており、いずれはそれら各種ミサイルも保管されるだろう。射程二〇〇〇〜三〇〇〇キロといえば、沖縄や九州から発射すれば中国内陸部深くまで届く飛距離を持つ。

「長射程ミサイルは専守防衛に徹する装備ではなく、先制攻撃にも使えます。仮に台湾有事になれば、米軍の戦略下で自衛隊の参戦もありえます。大分県からミサイル攻撃をすれば、中国側から反撃されます。そんな戦争の加害者にも被害者にもなる事態は絶対に避けなければなりません。子や孫の世代にそうした危険が高まる環境を残したくはありません」

流通業界で勤め上げ、敷戸北町で長年暮らし、子育てもしてきた宮成さんは、故郷大分の戦争拠点化に危機感をつのらせる。「市民の会」はビラの戸別配布、署名集め、街頭スタンディング、分屯地ゲート前での抗議行動など、ミサイル弾薬庫反対を訴えている。地域の自治会が反対決議をする動きまではみられないが、住民説明会でも不安と不満の声が飛び交ったように、関心を持つ人も増えてきている。

「自分は反対運動には加われないけれど、弾薬庫の増設には不安なので、反対の声を上げてくれるのはありがたい、応援している、といった電話をもらったりもします」（宮成さん）

「市民の会」は、大分分屯地のような人口密集地に接する場所への弾薬庫建設は、そもそも国際人道法の「軍民分離」原則に反していると、同会の声明でこう訴える。

「戦争の際の民間人被害を小さくするため、国際人道法は、弾薬庫などの軍事目標を人口密集地やその近辺に設けないよう最大限の努力をすることを締約国に求めています（ジュネーブ諸条約）第一追加議定書第五八条（b））。日本はこの条約に二〇〇四年に加入しており、敷戸のミサイル弾薬庫は国際人道法から見ても、建設するべきではありません」

南西諸島の自衛隊ミサイル部隊

「大分分屯地のミサイル弾薬庫建設も、湯布院のミサイル連隊新設も、九州から沖縄にかけた南西諸島での自衛隊のミサイル部隊配備＝軍事要塞化と関係しています。中国の台頭を抑え込みたいアメリカの戦略に従う戦争準備の一環です。大分に計九棟もの大型弾薬庫を造るのも、

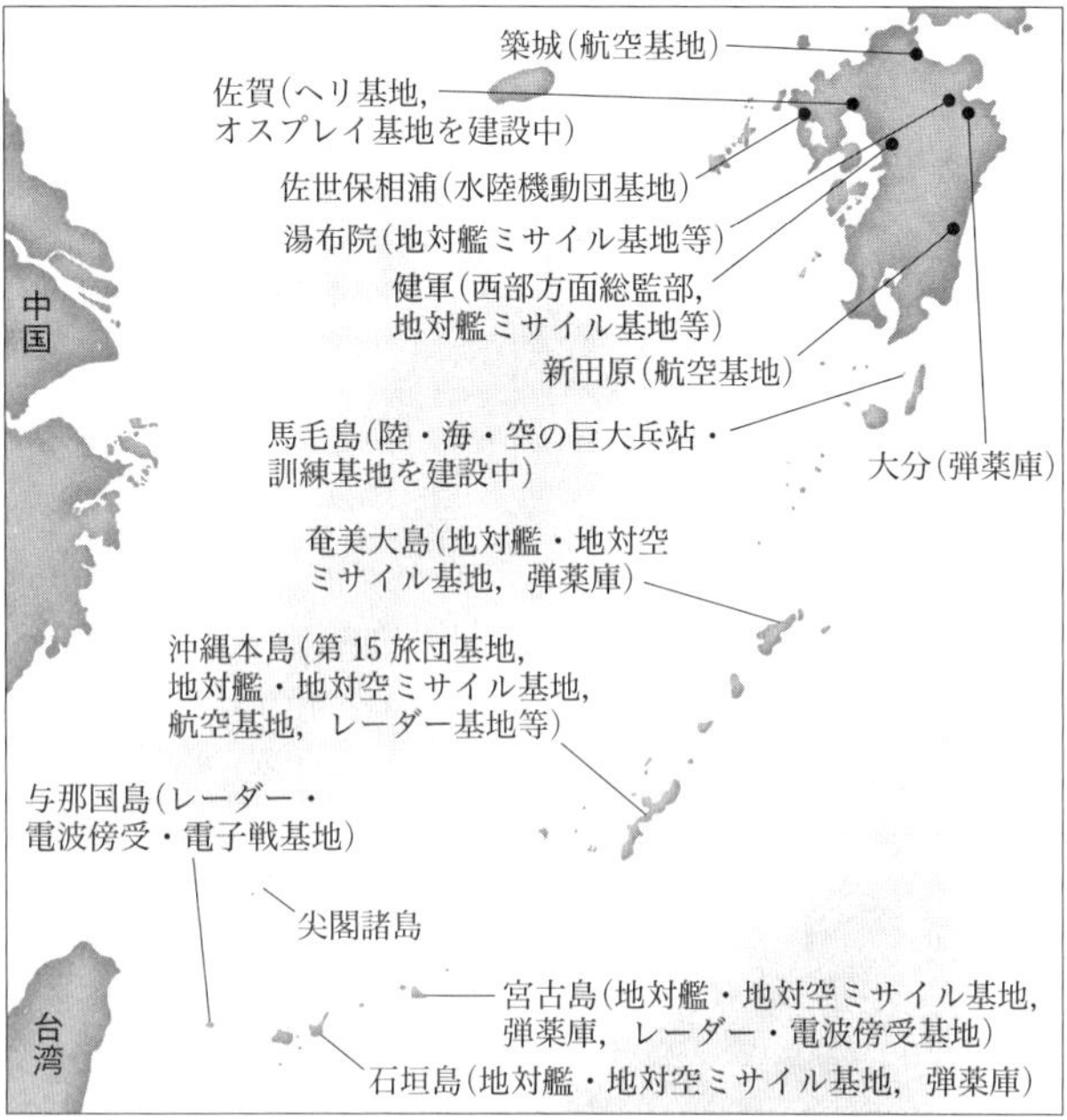

図 1-2　南西諸島と九州の主要な自衛隊基地

有事に備え南西諸島にミサイルを運ぶ兵站《へいたん》拠点にする狙いでしょう」

そう注意をうながすのは、中学教師で「市民の会」運営委員の池田年宏さん(五九)だ。南西諸島は、鹿児島県の種子島や奄美大島や徳之島などの薩南諸島、沖縄県の沖縄本島や宮古島や石垣島などの琉球諸島からなり、北端の種子島から南西端の与那国島まで約一二〇〇キロにわたって連なる。

二〇一九年に奄美大島と宮古島に、二三年に石垣島に、陸自の新基地が開設され、一二式地対艦誘導弾や〇三式中距離地対空誘導弾などを有する地対艦・地対空ミサイル部隊が配備された。弾薬庫も次々と建設されている。二四年には沖縄本島うるま市の陸自勝連《かつれん》分屯地に地対艦ミサイル部隊が配備された。宮古島には二四年度末までに電子戦部隊（電磁波を用いて敵の通信・レーダーなどの電波を妨害する）も配備予定だ。

那覇に司令部のある陸自第一五旅団は師団に格上げされ、増強される。与那国島には二〇一六年にレーダーと電波傍受の施設を備える沿岸監視隊が配備され、二四年には電子戦部隊も配備された。地対空ミサイル部隊の配備計画もある。種子島近くの無人島、馬毛島《まげしま》では滑走路、軍港、弾薬庫、訓練場などを備えた陸・海・空自衛隊の巨大兵站・訓練基地の工事が進む。

一九七二年からある宮古島の航空自衛隊レーダー基地には、二〇〇九年に対中国の電波傍受施設が、一七年に対弾道ミサイル探知機能も持つ最新鋭のFPS7レーダーが設置された。種子島、沖縄本島、久米島、宮古島、石垣島には一五〜一六年、ミサイルの標的への誘導にも使える準天頂衛星システムの追跡管制局（内閣府直属）も設置された。

海上と空中から離島奪還の上陸作戦を担うとされる陸自の水陸機動団（日本版海兵隊）も、二〇一八年から相浦《あいのうら》駐屯地（長崎県佐世保市）や玖珠《くす》駐屯地（大分県玖珠町）などに配備された。水陸機動団を南西諸島に迅速に輸送するため、佐賀空港に陸自V22オスプレイの配備（軍民共用の空港になる）計画があり、空港に隣接する駐屯地建設が進む。戦時に南西諸島に増援部隊を送り出す、陸自西部方面総監部と地対艦ミサイル連隊などは健軍駐屯地（熊本市）に、第八師団司令部などは北熊本駐屯地（熊本市）に置かれている。湯布院駐屯地にも地対艦ミサイル連隊が置かれることから、九州も南西諸島と並んで長射程ミサイルの発射拠点となるだろう。

二〇二三年一〇月一四〜三一日、九州、沖縄を中心に実施された米海兵隊と陸上自衛隊の大規模共同訓練「レゾリュート・ドラゴン23」では、大分県由布市などにまたがる日出生台《ひじゅうだい》と別府市の十文字原《じゅうもんじばる》演習場で海兵隊の高機動ロケット砲システム「ハイマース」の展開訓練がおこなわれた。

そして、自衛隊は大分分屯地からコンテナを大分港の大在《おおざい》埠頭に車両で運び、チャーターした沖縄の民間海運会社のコンテナ船に載せ、沖縄本島の米海軍ホワイト・ビーチ軍港に輸送、車両で米空軍嘉手納基地に運び入れ、そこから米海兵隊ＭＶ22オスプレイが奄美大島の陸自瀬戸内分屯地の弾薬庫区域にあるヘリパッドへ空輸する訓練もなされた。

コンテナの中身の「補給品」の内容は非公開だが、大分分屯地から瀬戸内分屯地に弾薬を運ぶ訓練とみられる。大分分屯地の弾薬庫増設が、南西諸島へのミサイルなどの兵站拠点化も目的とすることを示している。しかも日米共同の訓練であることから、弾薬庫に保管されるミサイルなどが米軍との共同軍事作戦でも使われることもありえる。

二〇二四年七月二八日〜八月七日の「レゾリュート・ドラゴン24」では、日出生台演習場で米海兵隊と陸上自衛隊の共同調整所による指揮機関訓練、対着上陸戦闘訓練、共同対艦・対空戦闘訓練など、海兵隊と自衛隊のオスプレイも参加し、台湾有事をにらんだ実弾射撃もふくむ実戦的な共同訓練をおこなった。湯布院駐屯地の第二特科団が司令部として、傘下にある石垣、宮古、奄美、勝連、健軍の各駐屯地のミサイル部隊に指令を発し、それぞれのミサイル発射部隊の展開訓練も実施された。

住民も戦火に巻き込む軍事作戦

このような九州から南西諸島にかけての軍備強化は、自衛隊の「南西シフト」と呼ばれる。それは、陸自の基地がない防衛の空白地帯を埋め、南西地域の防衛体制の強化、島嶼防衛のためと説明されてきた。

「自衛隊は島を守るというが、守る対象は領土・領海であって、住民ではないでしょう。南西諸島を、日本国家防衛のための、さらにはアメリカ〔の覇権〕を守るための軍事拠点とする思惑があるのではないでしょうか。かつて沖縄が本土防衛の捨て石にされ、多くの県民が犠牲を強いられた沖縄戦の歴史が二重写しになります」

こう本質的な問題を指摘するのは、宮古島市の東南端、保良《ぼら》地区に住み、二〇二一年に造られた陸自保良訓練場のゲート前で連日、抗議活動を続ける「ミサイル・弾薬庫配備反対！住民の会」（以下「住民の会」）共同代表の下地《しもじ》博盛《ひろもり》さん（七五）だ。

約一九ヘクタールの訓練場は保良の集落そばの採石場跡の窪地にあり、フェンスを隔ててサトウキビ畑とも接している。屋内射撃訓練場と、島の中央部に位置する陸自宮古島駐屯地（宮古島市上野野原）のミサイル部隊用の弾薬庫が二棟あり、三棟目が建設中だ。保良では、弾薬庫・訓練場の建設計画が明らかになった二〇一七年に、部落会（自治会）で反対決議をした。しかし、防衛省はそれを無視して工事を進めた。下地さんら「住民の会」は工事車両を止めようとして、座り込みや牛歩戦術などの抗議行動をした。

訓練場のゲートを迷彩色の自衛隊車両や工事用のダンプがひんぱんに出入りする。下地さんは妻の薫さん（七一）とともに、「島々を戦場にさせない」「ミサイル弾薬庫断固反対」「軍事の島にしない」と書かれた幟《のぼり》を手に、基本的に平日は毎日、抗議に立つ。実際に南西諸島の島々を戦場とする前提で、米日共同の対中軍事作戦が立案されているからだ。

二〇二一年一二月に共同通信がスクープして各地方紙に配信した記事「南西諸島　米軍臨時

宮古島の保良訓練場前で抗議活動をする下地博盛さん

拠点に　台湾有事で共同作戦計画　住民巻き添えリスクも」(『河北新報』二〇二一年一二月二四日朝刊)によると、米海兵隊は台湾有事を想定して、南西諸島の二〇〇弱の有人島・無人島のうち約四〇カ所に臨時の軍事拠点を設け、高機動ロケット砲システム「ハイマース」を配置。米軍の空母などが展開できるよう制海権の確保のため中国軍の艦艇を攻撃する。自衛隊は輸送、弾薬の提供、燃料補給など後方支援を担う。海兵隊の部隊は「相手の反撃をかわすため、拠点となる島を変えながら攻撃を続ける」計画だ。約四〇カ所の大半は有人島で、自衛隊のミサイル部隊が置かれる奄美大島、宮古島、石垣島もふくまれる。基地の共同使用も想定されているだろう。

米海兵隊のこのような作戦計画は、「遠征前方基地作戦」(EABO)という新たな運用指針にもとづく。そのために海兵沿岸連隊(MLR)を新設した。米海兵隊が中国軍を攻撃すれば、当然ミサイルなどで反撃され、南西諸島は戦場と化す。自衛隊もミサイルを使って参戦することになる。住民も巻き添えとなり死傷者が出る。住民の犠牲も織り込みずみの作戦計画だ。自衛隊は作戦遂行を優先し、住民の避難支援を担うことはないだろう。前出の共同通信の記事にも、次のような自衛隊幹部のコメントが載っている。

「台湾を巡る有事に巻き込まれることは避けられない。申し訳ないが、自衛隊に住民を避難させる余力はないだろう。自治体にやってもらうしかない」

また、この記事の取材をした共同通信の石井暁《ぎょう》記者に、ある自衛隊の高級幹部がこう本音をもらしている。

「台湾有事で重要影響事態が認定されたら、自衛隊は米軍の後方支援を最優先する。南西諸島の住民を避難させる余裕はまったくない」（石井暁「台湾有事と日米共同作戦――南西諸島を再び戦禍の犠牲にするのか」『世界』二〇二二年三月号）

沖縄戦の歴史の教訓

「奄美、宮古、石垣に配備されたミサイルは車両搭載式です。発射地点を探知されないよう移動し、場所を変えてはまた発射します。基地内だけでなく島全体に部隊展開するのです。島中が戦場となり、住民も戦火に巻き込まれます。弾薬庫は真っ先に狙われるでしょう」

そう危惧するのは、宮古島市議（無所属）の下地茜さん（四五）だ。父親の下地博盛さん、母親の薫さんとともに保良訓練場ゲート前で抗議活動をおこなう。下地薫さんは保良訓練場の門衛の自衛隊員に向け、ハンドマイクで沖縄戦の歴史にもふれつつ基地・戦争反対を訴えるという。

「沖縄に日本軍が基地をつくった結果、戦場となり、軍民混在の状態で住民も犠牲を強いられました。いま私たちの集落の目の前に自衛隊の基地がつくられ、また同じことが繰り返されかねません。防衛省・自衛隊は歴史の教訓を忘れているのではないか。そう訴えて、ここは無人島ではなく、先祖代々住民が暮らしているところなんですよ、お墓もあるんですよ、と呼びかけます」

それを自衛隊員たちは黙って聞いているという。薫さんの口調が重くなる。

「自衛隊員は一対一だと礼儀正しい態度をみせます。ただ組織の一員として上官から命令されれば、ロボットのようになるかもしれない。それが軍隊というものの怖さだと思います」

薫さんは訓練場に出入りする自衛隊車両、弾薬庫工事の進み具合、ミサイル搭載車両が発射筒を立ち上げ、そのまわりにレーダー、通信、電源、指揮統制などの各車両を配置する部隊展開訓練などの様子をスマホで撮影し、そのつど写真に説明を付けてＬＩＮＥなどのＳＮＳに投稿している。

迷彩色の自衛隊車両が訓練場に出入りするのに、民家のない海岸沿いの道だけでなく、わざわざ集落内の道を通ることもある。防衛省は訓練場・弾薬庫の建設前の住民説明会では、「屋外で騒音や振動が生じる訓練は基本的に考えていない」と話していたのに、空砲を用いた機関銃・迫撃砲の発射訓練がおこなわれ、銃砲声と同じ発射音が集落に響き渡り、住民を驚かせ、戦争の不安をかきたてたこともある。

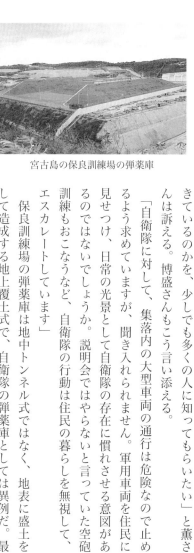

「宮古島で自衛隊が何をしているのか、地域住民の生活の場に軍事がどのように踏み込んできているのかを、少しでも多くの人に知ってもらいたい」と薫さんは訴える。博盛さんもこう言い添える。

宮古島の保良訓練場の弾薬庫

「自衛隊に対して、集落内の大型車両の通行は危険なので止めるよう求めていますが、聞き入れられません。軍用車両を住民に見せつけ、日常の光景として自衛隊の存在に慣れさせる意図があるのではないでしょうか。説明会ではやらないと言っていた空砲訓練もおこなうなど、自衛隊の行動は住民の暮らしを無視して、エスカレートしています」

　保良訓練場の弾薬庫は地中トンネル式ではなく、地表に盛土をして造成する地上覆土式で、自衛隊の弾薬庫としては異例だ。最も近い民家まで直線で約二五〇メートルしかない。下地家までは約三〇〇メートルだ。およそ一八〇世帯三〇〇人が住む保良は高齢者が多い。平時の事故や戦時の攻撃で弾薬庫が爆発したらいったいどうなるのか、逃れようがない、と住民は大きな不安をかかえている。

沖縄戦で、宮古島には約三万人の日本軍が駐屯した。地上戦はなかったが、空襲や艦砲射撃の被害を島民も受けた。一九四四年二月、保良の横穴式の木山《き》壕《やまごう》にあった弾薬庫付近で、手榴弾入りの木箱を四〜五人の兵士が手押し車で運ぶ途中、木箱が落ちて手榴弾が暴発する事故が起きた。少なくとも兵士二人が即死。兵士になついていてすぐそばにいた地元の八歳の少女と、その子がおぶっていた一歳の幼女が巻き添えで死亡した。当時五歳だった保良在住の男性(八五)が、生々しい記憶を語る。

「事故の直前まで私もその子たちといっしょにいて、先に家に帰る途中、突然爆発音が轟《とどろ》いたので、私は泣きわめいて家に駆け込みました。爆風で石ころが飛んできました。父に連れられて現場に行くと、兵隊さんと女の子が地面に倒れていました。いまも目に焼きついています」

保良には弾薬庫にまつわる悲史が刻まれている。それなのに、いまふたたび弾薬庫がつくられてしまった——。男性の表情が翳《かげ》り、しばし言葉がとぎれた。そして、こう語り継いだ。

「戦争中のある日、六歳上の姉といっしょに、家で飼っていたヤギの餌の草刈りをしていたら、突然、（米軍の）戦闘機が現れて機銃掃射をしてきました。姉と私はとっさに地面に伏せました。近くに弾《たま》が飛んできて、凄い音が響きました。それから、姉と大急ぎで走って家に帰ると、我が家が燃えていました。機銃の弾が庭の馬車に積んであった松材に当たり、発火して家の壁に燃え移ったようです。戦争にはもちろんいい思い出はありません。戦争という殺し合いが好きな人などいないはずです……」

国民保護という名の棄民政策

下地茜さんは、「そもそも小さな島々にミサイル基地・弾薬庫を置くこと自体ありえない」と批判し、戦時の住民保護を謳《うた》う国際人道法、ジュネーブ諸条約第一追加議定書の「軍民分離原則」を示す。

その第五八条は、基地・弾薬庫などの軍事目標を人口の集中する地域またはその付近に設けることを避けるよう、紛争当事者に求めている。そして第四八条は、紛争当事者は住民と戦闘員を区別し、さらに民用の施設・物と軍用の施設・物も区別して、攻撃対象は戦闘員や軍用の施設・物に限定しなければならないと定めている。

だが、この宮古島では基地・弾薬庫が集落のすぐそばにつくられている。有事＝戦時にミサイル部隊は住民が暮らす島全体に展開して、戦闘をする。茜さんはこう結論づける。

「だから、そもそも「軍民分離」は不可能であり、戦時の住民保護が保障される環境ではないのです」

ところが、それを逆手にとり、「軍民分離」を名目にして、戦闘がしやすくなるように住民を島外に出そうとする動きがあると、茜さんは憂慮する。

「二〇二三年二月に石垣市で新聞社の主催で有事の住民避難に関するシンポジウムがあり、元陸自幕僚長がジュネーブ諸条約を引き合いに、「住民が自衛隊員と一緒だと同条約が適用されないので、殺されても文句が言えない」と、島外避難の必要性を訴えました」

この元陸自幕僚長の発言は政府の考えとも軌を一にしている。政府は台湾有事の際、沖縄県の先島《さきしま》諸島(宮古島市、石垣市、与那国町、竹富町、多良間村《たらまそん》)の住民と観光客計約一二万人を九州各県と山口県に避難させる計画を、二〇二四年度中に定めようとしている。

「陸自部隊の配備前に防衛省側が、ミサイルは抑止力になり、島は守られると説明したから、住民の多くが結局、配備を受け入れたのです。しかし、有事に住民は島を出ていかねばならないと説明されていたら、配備を受け入れたでしょうか。ミサイルが本当に抑止力なら島外避難など必要ないはずです。軍事優先によって私たちが奪われかねないのは、島での生活、故郷で生き続ける権利です。故郷を去れと国に強いられたくはありません。「軍民分離」の必要性を言うのであれば、島を出ていくべきなのは自衛隊であって、ずっと島に住み続けてきた私たちではないはずです」(下地茜さん)

住民避難・国民保護の美名のかげで軍事の論理が優先され、島々の要塞化に拍車がかかる。そこに、土地・家・生業・畑・農作物・家畜・会社・店舗・お墓・御嶽《うたき》(聖地)など、かけがえのないものから引き離され、着の身着のまま同然に故郷を去らなければならなくなる人びとの苦衷《くちゅう》、いつ島外避難を迫られるかもしれない不安、はたして元どおりの島での暮らしにもどれるのか、被害に対する補償はされるのかという心配など、当事者の胸中への想像力はみられない。このような軍事優先の住民避難は、かつての戦争当時におこなわれた強制疎開の再来ともいえる。憲法第二二条が保障する「居住の自由」の権利の侵害である。

しかし有事が刻々と迫るなか、短期間で病人や要介護の老人もいる島々の住民を混乱なく集め、多数の飛行機や船を効率よく手配して輸送などできるだろうか。空港や港が攻撃を受けず、安全に使える保証はない。それこそ机上の空論ではないか。避難先の九州に戦火が及ばぬ保証もない。

一方で、一〇〇万人以上が住み、米軍と自衛隊の基地が集中し、戦場と化す可能性の高い沖縄本島の場合、政府は「屋内退避」を想定というちぐはぐぶりで、国民保護をどこまで真剣に考えているのか疑わしい。

また政府は、石垣市長・与那国町長・竹富町長からの要請もあり、避難シェルターの整備方針も示すが、沖縄県だけでも約一四六万人いる島々での堅固な地下シェルター建設、水・食料・薬・寝具などの備蓄にどれだけの費用と年月を要するか。これまた机上の空論であろう。

結局どれも政府のアリバイ作りでしかない。仮に戦争が起きて住民に被害が及んでも、対策は立てておいたのだが、やむをえない犠牲が出てしまったと言い逃れるための。住民の犠牲も織り込みずみの作戦計画も、現実性のない島外避難やシェルターの計画も、「一種の棄民政策ではないか。私たちは国家の駒扱いで、ないがしろにされている」と茜さんは憤る。

アメリカの戦争に日本が巻き込まれるリスク

これは沖縄だけの問題ではない。全国各地での弾薬庫増設は、戦時に標的とされ住民にも被害が及ぶリスクの増大を意味する。自衛隊や米軍の基地周辺をはじめ各地の住民も戦火に巻き込まれる。

「安保三文書」の「国家安全保障戦略」は、長射程ミサイルなどの「反撃能力」＝敵基地・敵国攻撃能力による攻撃を、「相手の領域において」おこなうとあいまいに表現している。「相手の領域」とは敵国全体を意味する。敵基地だけでなく「指揮統制機能等」（自民党の安全保障調査会・政務調査会の提言）をふくめ、どこまでも攻撃対象の拡大解釈が可能で、歯止めがない。「指揮統制機能等」への攻撃は、軍司令部や政府機関など国家中枢にまで攻撃対象をエスカレートさせ、「相手の領域」内の一般市民も戦火に巻き込んでしまう。相手側の反撃を呼び、全面戦争にいたるおそれが高い。

浜田防衛大臣は記者会見で、「他国が我が国に対して武力攻撃に着手した時」には、こちらから攻撃することができる趣旨の見解を示した（『朝日新聞』二〇二二年一二月二一日朝刊）。これは長射程ミサイルでの先制攻撃も可能とするものだ。

しかも、日本が攻撃されていなくても、安保法制の「存立危機事態」（集団的自衛権の行使が可能となる事態）の要件を満たせば、アメリカなど密接な関係にある他国への第三国からのミサイル発射準備など、「武力攻撃の着手」の時点で、敵基地攻撃は可能と解釈できる岸田内閣の政府答弁書（立憲民主党の長妻昭衆院議員の質問主意書への）も、二〇二二年五月一七日に閣議決定された。まさに集団的自衛権の行使として、自衛隊が米軍とともに第三国に対して国際法違反の先制攻撃をすることもありえるのである。その第三国が日本を攻撃しようとしていなくてもだ。

さらに注意しなければならないのは、集団的自衛権の行使が可能となる事態は、何もアメリカなど密接な関係にある他国の領土が攻撃されるケースに限られるわけではないという点である。アメリカ本国から遠く離れた地点で活動中の米軍の艦船や航空機が、第三国から攻撃を受けた場合もふくまれるというのが、政府の見解である。安保法制の国会審議においても、たとえば安倍晋三首相(当時、以下同)が次のような答弁をしている。

「たとえばミサイル警戒にあたっている米艦が攻撃される明白な危機という段階で、これは存立危機事態の認定が可能であると考える」(二〇一五年七月一〇日、衆議院平和安全法制特別委員会)

集団的自衛権の行使を容認し、「存立危機事態」を設定した安保法制によって、アメリカの戦争に日本が巻き込まれるリスクは格段に高まっている。

そして、浜田防衛大臣は二〇二三年二月六日の衆議院予算委員会で、集団的自衛権の行使として敵基地攻撃をした場合、「事態の推移によっては他国からの武力攻撃が発生」し、「大規模な被害が生じる可能性」もあることを認める答弁をした。

自衛隊だけ生き残ろうとする基地の強靭化

政府は集団的自衛権の行使としてアメリカの戦争に加担した結果、戦禍が日本に及ぶことも前提にして戦略を立てているのである。「安保三文書」のひとつ「国家防衛戦略」でも、抑止力を強化するために「スタンド・オフ防衛能力」（敵の射程外からの長射程の攻撃能力）による「反撃能力」を保有するとしながらも、「万が一、抑止が破れ、我が国への侵攻」が起きた場合も想定して対処するとしている。

実際、政府は「抑止が破れ」て日本全土が戦場となる事態を想定し、核兵器や爆発物、生物・化学兵器、高高度での核爆発による電磁パルス攻撃などに耐えられるよう、全国四七都道府県の二八三地区で、自衛隊基地・防衛省施設の司令部などの地下化、壁の強化など「強靭化」計画を立てている。二〇二三年度からの五年間だけでも四兆円の予算をつけて、一〇年以上かけ一万二六三六棟を建て替え、五一〇二棟を改修するという（『しんぶん赤旗』二〇二三年四月一二日）。

この「強靭化」計画はそれぞれ「国家防衛戦略」と、同じく「安保三文書」のひとつ「防衛力整備計画」にもとづくもので、次のように記されている。

「自衛隊員の安全を確保し、有事においても容易に作戦能力を喪失しないよう」に、「粘り強く戦う態勢を確保するため、主要司令部等の地下化・構造強化・電磁パルス（EMP）攻撃対策、戦闘機用の分散パッド、〔中略〕ライフライン多重化等を実施」する。

二〇二四年度予算では基地の「強靭化」に向けて、主要司令部などの地下化、戦闘機の駐機場の分散（分散パッド）、電磁パルス攻撃対策などに一七六億円を、建物の構造強化など既存施設の更新に三二三三億円を計上した。二五年度予算案でも同じように八七四億円と二六九四億円が計上された。「強靭化」費用の増額が進む。

二〇二四年度予算の概算要求で明らかになった司令部などの地下化の新たな対象は、航空自衛隊の三沢基地（青森県）、入間基地（埼玉県）、小牧基地（愛知県）、小松基地（石川県）、春日基地（福岡県）の五施設で、そのほかに航空自衛隊築城《ついき》基地（福岡県）、新田原《にゅうたばる》基地（宮崎県）、那覇基地（沖縄県）、陸上自衛隊の那覇駐屯地と那覇病院（沖縄県）、健軍駐屯地（熊本県）の六施設も二三年度予算から引き続き地下化の対象となった（『しんぶん赤旗』二〇二三年九月一三日）。

約一〇年かかるとされる「強靭化」には莫大な費用が要る。司令部の地下化などは、「安保三文書」にもとづく自衛隊基地の「抗たん性」（攻撃に耐え、作戦能力を維持する）向上の一環である。日本全土の戦場化とその長期化を想定し、核戦争にまでも備えて、住民の被害をよそに自衛隊組織だけは生き残ろうとするものだ。国民・市民の膨大な犠牲をあらかじめ計算に入れての戦争準備で、これもひとつの棄民政策といえる。

しかし、多くの国民・市民が次々と死傷しても、自衛隊の組織中枢だけは生き残ろうとする発想は、いったいどういう考え方にもとづいているのだろうか。自衛隊が最優先させるのは自衛隊組織中枢と国家機構であって、一般の国民・市民の生命を守ることは二の次ではないか。「基地があったから戦争になった。軍隊は住民を守らない。軍は軍そのものを最優先させる」という、沖縄戦体験者が語る歴史の教訓が一層重みを増す現実がある。

有事の煽動と戦争準備

「戦争体制とはもともと棄民政策をふくむものです。沖縄県民が本土防衛のため打ち棄てられた戦争の歴史からもそれはわかります。そして怖いのは、その戦争への反省も責任追及も足りないまま、いまふたたび住民に犠牲を強いる戦争の準備が具体化していることです。それが島々からははっきりと見えます」と訴えるのは、「ミサイル基地いらない宮古島住民連絡会」（以下「住民連絡会」）共同代表の清水早子さん（七六）だ。

自衛隊は南西諸島や九州を中心に、対中国共同作戦を想定して、米軍との実戦的な訓練・演習を重ねている。戦闘で負傷した隊員を輸送機で搬送する訓練や戦死者の遺体取り扱い訓練もしている。負傷者への輸血用血液製剤の確保のため、自衛隊員二十数万人から採血して製造・備蓄する計画にも着手した。その血液製剤を南西諸島で冷凍保存する計画もあり、米軍との相互運用も検討している。陣地構築のため、南西諸島特有の硬い琉球石灰岩を砲弾で破砕実験するなど、強度や掘削方法も検証している。民間空港・港湾の軍事利用を進めるため、二〇二三年には奄美・徳之島・大分・岡山の各空港で、二四年には北九州・長崎・福江・熊本・宮崎・奄美・徳之島の各空港で、戦闘機などの離着陸訓練や給油など既成事実づくりもなされた。

輸血用血液製剤の確保について「防衛力整備計画」は、「戦傷医療における死亡の多くは爆傷、銃創等による失血死であり、これを防ぐためには輸血に使用する血液製剤の確保が極めて重要であることから、自衛隊において血液製剤を自律的に確保・備蓄する態勢の構築について検討する」と特記している。「安保三文書」が自衛隊員の戦死リスクの高まりを前提につくられたものだとわかる。

これらは島外避難やシェルターの計画と同様に、中国を仮想敵国と見なして、有事に向けた空気と緊張を煽る動きだ。継戦能力確保のための弾薬庫増設と基地の強靭化もその一環である。戦争もやむをえないという空気、同調圧力を醸成する一種の世論誘導としての側面もみられる。「安保三文書」にもとづく戦争準備、やむをえない犠牲論を織り込んだ戦争体制への地ならしが進む。やがて「有事に備え、戦争もやむなし、覚悟すべき」という空気が社会に浸透し、同調圧力が増してゆくおそれを感じる。国家の冷徹な計算が透けて見える。

「まさに戦争のリアリティーを感じさせます。宮古島市には沖縄県が配った多機能型感染患者搬送袋という名の遺体収容袋も備蓄されています。その袋には感染症や自然災害での死者だけでなく、戦火で死ぬ島民も入れられることになるのではないでしょうか」と、清水さんの声は切迫感をおびる。

「住民連絡会」は毎週木曜、陸自宮古島駐屯地の正門前で基地・戦争反対を訴える。駐屯地は元ゴルフ場で、広さは約一九ヘクタール。主要部隊は宮古警備隊、第七高射特科群（地対空ミサイル部隊）、第七地対艦ミサイル連隊・第三地対艦ミサイル中隊だ。人員は警備隊が約三四〇人、地対空ミサイル部隊が約一八〇人、地対艦ミサイル中隊が約六〇人、整備部隊などが約一三〇人で、総勢約七一〇人といわれる。

駐屯地には迷彩色のミサイル発射筒搭載車両、軽装甲機動車などがずらりと並ぶ（本章扉写真）。迷彩服姿の隊員らが動き回る。これら車両は公道を走り、集落を抜け、保良訓練場で部隊展開訓練もおこなう。地上覆土式の弾薬庫から最も近い民家までわずか約一五〇メートルだ。門衛の隊員は自動小銃を携行し、フェンスの各所に監視カメラも設置され、周囲を警衛車両が

宮古島駐屯地前で抗議活動をする清水早子さん（右）と仲里成繁さん（左）

巡回する。

正門前の畑に「ミサイル基地いらない」「宮古島を戦場にしないで」の横断幕が張ってある。「住民連絡会」共同代表の仲里成繁《せいはん》さん（七一）がメロンやサトウキビを栽培している。

仲里さんは、基地建設前の最初の市民説明会で、防衛省側が「有事にさせない抑止力のための施設（基地）」だというので、「配備される部隊の機能は何か」とたずねたという。すると、「前線部隊」という答えが返ってきた。「そうすると最前線の基地になるということですよね」と重ねて聞くと、「そうですね」という返事だった。

「防衛省側は、二回目からははぐらかして「初動部隊」と説明するようになりましたが、戦争になることを前提にした最前線の基地であることは確かなんです。政府は相変わらず言葉でごまかそうとしていますが」

そう仲里さんは苦笑いしたのち、表情を引き締め、政府が集団的自衛権の行使を認めたことで、自衛隊が専守防衛を逸脱して、「米軍とともに先制攻撃に加わるおそれがある」ことを問題視する言葉を連ねた。

「私としては自分の畑の真ん前から戦争が始まることは許せません。初めは戦争の被害者になりたくなくて基地反対を訴えましたが、日本が戦争の加害者になることも認めたくないと思うようになりました。反対の声を上げないと戦争を認めることになってしまう。これは宮古島だけでなく日本全国の問題です。戦後八〇年近く戦争をしなかった日本が、ふたたび戦争をすることになりかねないという大きな問題なんです」

戦争体制の背後にある軍産学複合体の利益

そのように強調して仲里さんは、台湾有事が煽られる背後にも目を凝らす。

「兵器産業の利益もからんでいるのではないですか。兵器産業も自動車産業と同様に、モデルチェンジをして利益を上げる必要があり、新兵器を開発しては売り込まないといけません。国と国の対立、戦争の背後にそうした構造があるのが問題です」

東アジアで緊張・対立が高まることで利益を得るのは、日本や台湾や韓国への武器輸出の増大で潤うアメリカの兵器産業と、組織の維持・拡充を図れる米軍、科学技術の軍事利用を推進する学術界とが結びついた「軍産学複合体」であろう。

日本の兵器産業も「ミサイル特需」ともいわれる長射程ミサイルの開発・量産などで利益が増大する。自衛隊にとっても組織の存在意義を高める好機となる。二〇二三年六月には、兵器産業に手厚い財政援助をする防衛産業支援法が制定され、武器輸出促進の助成金制度もできた。二四年三月には、国会審議抜きに自民党と公明党の密室協議で「死の商人」国家へと踏み出す殺傷兵器の輸出まで解禁された。「はじめに」でも述べたように、二四年度予算の軍事費(防衛費)は過去最高の七兆九四九六億円にも達した。二五年度予算案では、八兆七〇〇五億円も計上され、天井知らずの膨張ぶりである。

「大軍拡を主導しているのは、明らかにアメリカですよね。防衛省・自衛隊はじめ政府と自民党は、アメリカに追随しながら自らも軍事大国になろうとしています。アメリカの軍産学複合体に追随して、日本版の軍産学複合体ができあがってしまうおそれがあります」と、清水さんも警鐘を鳴らす。

仲里さんはまた、「どこの国でも有事を煽る政治家たちは、外敵をつくりだして国内の矛盾に対する国民の不満をそらそうとしますよね」と、政治家の思惑に対してもきびしい視線をそそぐ。

抑止力を大義名分にして軍拡を進めれば、仮想敵国とされた側はそれを脅威と見なし、対抗して軍拡を進める。相互に抑止を掲げながら結果的に脅威を与え合い、軍拡競争を招いて緊張と対立を煽り、抑止どころかかえって戦争を誘発するリスクが高まる。「安全保障のジレンマ」という。

このままでは日本はこのジレンマにおちいる。仮に台湾有事となれば、米軍が在日米軍基地を使って武力介入し、政府もそれを容認する可能性が高い。日本も深刻な戦禍を被り、アメリカの軍事戦略の捨て石とされてしまう。それは絶対に避けなければならない。有事が煽られる背後の構造、すなわち軍産学複合体の利益、政治家の思惑といったからくりを見抜き、煽動に乗せられないようにしたい。

対話と信頼醸成を通じて戦争を防ぐべき

中国は台湾との平和的統一を基本方針とし、武力行使は台湾が独立を宣言する場合に限ると表明している。台湾の世論は現状維持派が大多数だ。冷静に考えれば、台湾が独立宣言をして台湾有事にエスカレートする可能性は低い。

ただ偶発的な軍事衝突から戦争の火がつくおそれはある。またベトナム戦争でのトンキン湾事件のように、「アメリカが中国を挑発して戦争を仕向けるおそれもある」と、下地博盛さんは懸念する。

「アメリカは二〇〇三年、〔イラクの〕フセイン政権の大量破壊兵器の保有などを理由にイラク戦争を起こしましたが、イラクに大量破壊兵器などなく、当時のブッシュ政権による虚偽の情報操作でした。このように有事がつくりだされるのが怖いですね」

世界的な覇権を維持したいアメリカが、中国の台頭を抑え込み、弱体化させるために、台湾独立を煽り、有事＝戦争を仕掛けるおそれがあることは、確かに警戒すべきである。

「台湾有事」を想定した米日共同の作戦計画はさらに練られており、二〇二四年二月の共同通信の配信記事「「中国」明示し日米初演習　台湾有事の作戦計画反映へ」によると、同年二月に自衛隊と米軍が実施した「最高レベルの演習」(「キーン・エッジ」)で、コンピューターを用いてシミュレーションを実施した際、初めて「中国」を仮想敵国として明示したという。この作戦計画の原案は二三年末に完成し、今回の演習の結果を反映させたうえで、二四年末までに「正式版を策定する予定」だ。そして二五年頃に「部隊を実際に動かす演習」(「キーン・ソード」)をおこない、「作戦計画の有効性を検証する」という(『静岡新聞』二〇二四年二月四日朝刊)。

同記事によれば、この台湾有事を想定した演習の「シナリオ」は、特定秘密保護法にもとづき「特定秘密に指定」されたようだ。南西諸島の住民、全国の国民・市民の目の届かないところで、アメリカ主導で戦争準備が着々と進んでいる。

しかし、アメリカ追随の軍事一辺倒では国の進路を誤る。各種報道によれば、自民党の麻生太郎副総裁(当時)は二〇二三年八月八日、台湾で講演し、「日本、台湾、米国をはじめとした有志国に、非常に強い抑止力を機能させる覚悟が求められている。戦う覚悟が必要だ」と発言した。二四年一月一〇日にも訪問先のワシントンで記者団に対し、日本政府が台湾海峡有事を、集団的自衛権を行使できる「存立危機事態だ」と「判断する可能性がきわめて大きい」と述べた。まさに台湾有事を煽る無責任な言動である。

このような「麻生発言」は、中国を敵視する好戦的姿勢が自民党内・政府内で広まっている現状の表れではないか。そう推測できる一例として、次のような事実が挙げられる。

二〇二三年八月の麻生副総裁の台湾訪問に同行した自民党麻生派の鈴木馨祐《けいすけ》政調副会長(当時)は、同年八月九日夜のBSフジの番組で、麻生副総裁の「戦う覚悟」発言について、「自民副総裁の立場での講演だ。当然、政府内部をふくめ、調整をした結果だ」と述べた(二〇二三年八月一〇日、共同通信配信)。

第二次安倍政権以来、右派政治家の主導で軍事大国化を目指す自民党内・政府内の思惑が、アメリカの対中国封じ込め戦略に呼応して、相乗効果を生み出すように現在の大軍拡に結びついているとみられる。

しかし、憲法第九条を持つ日本は有事を煽るのではなく、平和的な外交努力に徹し、関係各国間の対話と信頼醸成を通じて戦争を防ぐべきなのは言うまでもない。今回の取材でも同様の意見を聞いた。

宮古島では、経済交流・文化交流などを通じて東アジアの緊張緩和と信頼醸成を通じた平和構築に取り組む、沖縄県の地域外交への期待も語られた。沖縄県は二〇二三年に地域外交室(現・平和・地域外交推進課)や知事を本部長とする地域外交推進本部を新たに設け、さらに地域外交の方針を提言する「万国津梁《ばんこくしんりょう》会議」という有識者会議も設置した。玉城デニー知事らが中国、台湾、韓国などを訪問し、国際交流を重ねている。

「東アジアを対立・紛争の場にさせないよう、沖縄が国際交流の拠点、アジアと日本をつなぐ架け橋になることが大切だと思います」(下地茜さん)

大分では、紛争の平和的解決や、武力の使用や威嚇の禁止を謳う日中平和友好条約のもと、大分市と中国武漢市が一九七九年に結んだ友好都市の関係を例に、国境を越えた自治体・民間交流を平和外交に活かす意義も示された。

「軍拡をして友好都市にミサイルを向けるのではなく、国境を越えて民間どうし、自治体ど

うしで交流し、友好を積み重ねることこそが、戦争を防ぐ道です」(池田年宏さん)

「宮古島は山がなく平らで風が強く、地球を巡る大気がそのまま家の庭に届く感じなんです。子どもの頃から住んでいて、自分の感性を育《はぐく》んでくれた島を、どこか自分そのものと感じたりもします。そういう思いの人がいっぱいいると思うんです。それぞれ表現が違っても。父母も、集落の人も同じように感じていると思う。だから、国がここを基地として使うから出ていってくださいと言われても、出ていけない。島にみんなが暮らし続け、次の世代へ、また次の世代へと引き継いでゆけるよう、島々を戦場にさせないと、訴えてゆきたい」という、下地茜さんの言葉が耳によみがえる。

第2章　徴兵制はよみがえるのか
——自治体が自衛隊に若者名簿を提供

自治体の名簿を利用し，防衛省・自衛隊から高校生あてに届いたダイレクトメール

自衛隊から突然のダイレクトメール

「国家を守る、公務員」「自衛隊という選択肢」「成長できる舞台」——。毎年、全国で高校卒業年齢の一八歳や大学卒業年齢の二二歳になる男女に、自衛隊からこのようなキャッチフレーズの自衛官募集ダイレクトメールが届く。横浜市の筆者宅にも以前、高校三年生だった次男あてに届いた。なぜ息子の氏名と住所がわかったのだろうかと強い疑問を覚えた。息子も「なんだか気味が悪いね……」と表情を硬くした。

個人情報保護とプライバシーが重視されるこの時代に、なぜ自衛隊という国家機関からだけ、一定の年齢の個人を特定したダイレクトメールが届くのか。自分の個人情報が知らぬまに国家に把握され、利用されている不気味さや不安を抱いたり、プライバシー侵害ではないかと疑問を持ったりする若者とその家族も少なくなかろう。

二〇一四年七月に当時の安倍晋三内閣が集団的自衛権の行使容認の閣議決定をした直後、全国の高校三年生あてに自衛官募集のダイレクトメールが届いたときは、インターネットのSNS上に「召集令状か」「これが赤紙と呼ばれるアレか」「集団的自衛権で志願者が減っているのか」などの書き込みがあふれ、高校生とその親たちの間に波紋をひろげた（宮下直之「集団的自衛権の閣議決定後に届いた自衛隊DMの名簿の出どころ」『AERA』二〇一四年七月二八日増大号)。

自衛隊はいったいどこから多くの若者の氏名と住所を入手しているのか。その答えは「全国の市区町村から」である。多くの自治体が、その年度に一八歳や二二歳になる若者の氏名・住所・生年月日・性別という個人情報(以下「四情報」)を住民基本台帳から抜き出し、名簿(電子・紙媒体)にして自衛隊に提供している。Eメールでの送信、CD-ROMへの焼き付け、紙やあて名シールへの印刷などの方法がとられている。

NGO「日本平和委員会」の機関紙『平和新聞』(二〇二四年九月二五日号)によると、二〇二三年度にこの若者名簿を自衛隊に提供した自治体は、全国の一七四一市区町村のうち一一三九に達し、全体の六五・四パーセントにのぼることが、同紙編集部の防衛省への取材で明らかになった。前年度の六一パーセント(一〇六八市区町村)から四ポイントあまり増えている。名簿提供が増え始めた一六年度の三四パーセント(五九七市区町村)から、右肩上がりの増加傾向が続く。一方、自衛隊による住民基本台帳の閲覧にとどめた自治体は四七五で、前年度の五三四から減少している。

各都道府県にある自衛隊地方協力本部の職員が、住民基本台帳を閲覧して「四情報」を書き写すよりは、自治体から整理された名簿を受けとるほうが効率的で、自衛隊にとっては都合がいい。

二〇二〇年度までは名簿提供よりも閲覧のほうが多かった。〇三年四月二三日の衆議院「個人情報の保護に関する特別委員会」で、石破茂防衛庁長官（当時）が名簿提供について、「私どもが依頼をしても、〔自治体には〕こたえる義務というのは必ずしもございません」と答弁したように、名簿提供は義務ではなく、また住民基本台帳法（第一一条）上、閲覧の規定はあるが、名簿提供の定めはなく、個人情報保護の面でも問題があると判断する自治体が多かったからだろう。同法第一一条は、「国又は地方公共団体の機関」は必要な場合、「住民基本台帳の一部の写し」の閲覧を請求できると定めている。

ところが、二〇一九年二月一〇日の自民党大会で当時の安倍首相が、自衛官募集に自治体が非協力的な「状況を変えよう」「憲法に自衛隊を明記して違憲論争に終止符を打とう」と改憲推進に伴う発言をしたのをきっかけに、二〇年一二月一八日、当時の菅義偉《すがよしひで》内閣が閣議決定「令和二年の地方からの提案等に関する対応方針」中の防衛省関連の部分で、市区町村長が自衛官募集に必要な「資料の提出を防衛大臣から求められた」場合、「住民基本台帳の一部の写し」（若者名簿）の提出は可能だと、自治体に通知する方針を打ち出した。

それを受けて二〇二一年二月五日、防衛省の人事教育局人材育成課長と総務省の自治行政局住民制度課長から各都道府県市区町村担当部長に、前記の方針を具体化する「自衛官又は自衛官候補生の募集事務に関する資料の提出について(通知)」が送られた。その要旨は次のとおりで、これを各市区町村に周知するよう求めていた。

自衛官募集に必要な情報「氏名、住所、生年月日及び性別」に関する「資料の提出」は、自衛隊法第九七条第一項にもとづく市区町村の自衛官募集事務として、同法施行令第一二〇条にもとづき「防衛大臣が市区町村の長に対し求めること」ができる。その資料として「住民基本台帳の一部の写しを用いること」は、「住民基本台帳法上、特段の問題を生ずるもの」ではない。

大軍拡と自衛官募集の強化

要は政府あげて自治体に若者名簿の提供をうながすもので、実質的な圧力ともいえる。これを機に、自衛隊を特別扱いする名簿提供が増えていった。防衛大臣からは毎年、市区町村長あてに名簿提供の依頼文書が直接送られている。人員募集用に自治体が応募適齢者の名簿まで提供する便宜をはかっているのは、官民通じて自衛隊に対してだけである。自衛隊の特別扱いは際立っている。

岸田内閣が二〇二二年一二月一六日に閣議決定した「安保三文書」の、「国家安全保障戦略」は自衛隊の「人的基盤の強化」を謳い、「防衛力整備計画」でも「少子化による募集対象人口の減少という厳しい採用環境の中で優秀な人材を安定的に確保する」ために、自治体との連携強化を掲げている。

こうした動きの背景には、慢性的な自衛隊の人員不足の問題がある。『防衛白書』令和六年版(二〇二四年版)や各種報道によると、自衛官の定員は約二四万七〇〇〇人だが、現有の人員は二二万三五一一人(二〇二四年三月三一日現在)で、二二年度より四三三二人減り、充足率は九〇・四パーセント。なかでも部隊の実動現場を担う「士」(兵士)の充足率は約六八パーセントと低い。二三年度の「自衛官等の応募者数」は六万三六八八人で、前年度と比べて一万一二五九人も減った。減少傾向が続く過去一二年間でも初めて七万人を下回った。一一年前の一二年度の応募者数は一一万四二五〇人だったので、ほぼ半分近く減ったことになる。

防衛省の発表によると、二〇二三年度の自衛官の採用者数は一万九五九八人の募集(枠)に対して九九五九人しかなく、募集計画の五〇・八パーセントにとどまり、採用率は過去最低だった。二二年度に比べて一五・一ポイントも低下した(『朝日新聞』二〇二四年七月九日朝刊)。

近年は特に任期制自衛官の採用者数が急減している。一八〜三二歳を対象に任期二〜三年で募集する任期制自衛官を、二〇二二年度は九二四五人採用の予定が、実際の採用は約四三〇〇人で半分以下だった。急減の要因について防衛省内では、「ロシアのウクライナ侵攻や中国による台湾周辺での軍事演習が影響した」のではないかと指摘され、「戦争が現実に起こるリスクを考慮し、任官をためらう層がいた」との見方もされている（『日本経済新聞』二〇二三年四月一九日朝刊）。

自衛隊員が戦場に送られるおそれ

さらに自衛隊の人員不足をもたらすのが、中途退職者の増加である。防衛省の発表では、二〇二三年度は過去三〇年で最多の六二五八人が中途退職した。二〇年度四二五七人、二一年度五七四二人、二二年度六一七四人と、自衛官の中途退職者数は増加傾向が続く。一〇年度は三三一二人だったのと比べると、この十数年間で中途退職者がほぼ倍増したことがわかる（『しんぶん赤旗』二〇二四年八月三一日）。

自衛隊の人員不足、応募者の減少、中途退職者の増加の背景には、止めどない少子化と若年人口の減少がある。さらに、集団的自衛権の行使容認、安保法制による自衛隊の海外もふくむ任務の拡大、米軍との共同訓練・演習の増加と強化、「安保三文書」による長射程ミサイル配備など敵基地・敵国攻撃能力の保有を柱とする大軍拡、台湾有事の危機感を煽る日米両政府の動きなどから、自衛隊員が実際に戦場に送られるおそれが高まり、不安を抱く若者とその家族が少なからずいるであろうことも影響しているはずだ。「新しい戦前」という言葉も口の端にのぼるようになった。

また、自衛隊内でパワハラ、セクハラ、いじめ、しごきなどの人権侵害が蔓延する現状とも無関係ではあるまい。精神を病み、自殺にまで追いつめられるケースも跡を絶たない。このような人権侵害に対して、当事者本人や遺族が自衛隊の責任を追及し国家賠償を求める訴訟も相次ぐ。男性自衛官らによる女性自衛官への性暴力事件では強制わいせつ罪の有罪判決も出た。

防衛省が二〇二三年八月におこなった防衛省・自衛隊のハラスメントに関する「特別防衛監察」では、一三二五件の被害申し出があり、そのうちパワハラが一一一五件、セクハラが一七九件、妊娠・出産・育児を理由とするマタハラなどが五六件だった。「改善が期待できない」などの理由で組織内の相談窓口を利用しなかった割合が約六四パーセントもあり、相談しても「職場にいられなくなるぞ」と言われるなど不適切な対応をされたケースも多く、ハラスメント問題の深刻さが浮き彫りになった(『朝日新聞』二〇二三年八月一九日朝刊)。

このような実態が知られるにつれて自衛隊のイメージが悪化し、入隊希望者が減る一因ともなっているのではないか。

自衛官の採用者数の減少の原因について防衛省内では、少子化や企業との競合などのほかに、二〇二二年以降相次ぐ自衛隊のハラスメント問題や不祥事の影響を挙げる声もあるという（『朝日新聞』二〇二四年七月九日朝刊）。

自衛隊への名簿提供違憲訴訟

自・公政権が進める大軍拡は兵器の増強だけでは実質が伴わない。実戦部隊のマンパワーの拡充が必要だ。そのための「人的基盤の強化」である。自治体に若者名簿の提供を求める狙いもそこにある。

自衛隊も「募集に関する事務の円滑な遂行」のため「必要な募集対象者情報の提出を含め、所要の協力が得られるよう地方公共団体などとの連携を強化」する方針を掲げる（『防衛白書』令和六年版）。

このような現状に対し、「本人の同意なしの名簿提供は、個人情報保護に反するプライバシー権侵害だ」「地方自治を侵害し、戦前のように自治体を有事の動員体制に組み込む動きで見過ごせない」「新たな徴兵制にもつながりかねない」などの批判と懸念から、旭川市、札幌市、

福岡市での市民団体による自衛隊への名簿提供反対集会

帯広市、仙台市、上尾市、横浜市、相模原市、海老名市、奈良市、神戸市、福岡市、太宰府市、鹿児島市など、各地で市民団体などによる名簿提供反対の運動がひろがってきている。反対集会、自治体に提供中止を求める請願署名集めや申し入れ、連携する地方議会議員による追及の質問などの取り組みが進む。

福岡市の市民団体「自衛隊への名簿提供を許さない!実行委員会」を中心とする「自衛隊名簿提供訴訟」は、名簿提供の違憲・違法性を問う全国初の裁判である。

福岡市は従来、自衛隊による住民基本台帳の閲覧にとどめていたが、二〇二〇年に方針を変え、同年六月五日、その年度に一八歳と二二歳になる男女約三万人の名簿を提供した。以後、若者名簿の提供を続けている。なお自衛隊は福岡市での場合、提供された名簿をダイレクトメール用ではなく、自衛官募集チラシのポスティング(募集対象者への戸別配付)用に使っているという。

この福岡市による名簿提供を問題視して二〇二一年九月一日、福岡地裁に提訴した「自衛隊名簿提供訴訟」は、住民が地方自治法にもとづき、自治体の長や職員に財務会計上の違法行為があるとして訴える「住民訴訟」だ。一五人の福岡市民と一労働組合が原告となり、次のような趣旨で訴えた。

「自治体には住民基本台帳法にもとづき、個人情報についてプライバシー権侵害にならないよう厳格な管理責任がある。住民基本台帳法は自衛隊による閲覧は認めているが、名簿提供までは認めていない。福岡市が若者の個人情報を本人の同意なしに名簿化し、自衛隊に提供した行為は、個人情報の目的外使用であり、プライバシー権を侵害し、「個人の尊重」を保障した憲法第一三条、「個人の権利利益」の保護を目的とする個人情報保護法と福岡市個人情報保護条例などに違反する。違法な名簿提供用の公金支出(人件費、印刷費、通信費等)で福岡市は損害を被った。その責任は市長にあるので、福岡市は市長に公金支出二万三七四六円の損害賠償(返金)を請求せよ」

プライバシー権を侵害する名簿提供

原告のひとりで元福岡市議の「ふくおか緑の党」代表、荒木龍昇《りゅうしょう》(七二)さんは、「憲法第一三条(個人の尊重)にもとづくプライバシー権は、個人情報の自己コントロール権をふくむもの」だとして、こう強調する。

「福岡市は自衛隊への名簿提供について、提供される若者たち「本人の同意は必要ではない」と主張しますが、EU(ヨーロッパ連合)では「一般データ保護規則」を制定し、個人情報の自己コントロール権の観点から、本人の同意がなければ「目的外利用は禁止」が原則です。しかし、日本ではその原則がきびしくないため、簡単に目的外利用が認められてしまっています。相手が国であっても関係なく、自治体は厳格に個人情報を守るべきです」

さらに、自衛隊の変質も大きな問題点だと語る。

「安倍政権下の二〇一四年の集団的自衛権の行使容認と、一五年の安保法制の成立により、もはや専守防衛の自衛隊ではなくなり、日本が攻撃されてもいないのに米軍とともに海外で戦い、自衛隊員が戦死するおそれが高まっています。一六年、南スーダンPKO任務に派遣されていた自衛隊の部隊は、首都ジュバで「戦闘」に巻き込まれ、家族あてに遺書まで書いた隊員たちもいたと、NHKも報じていました」

そして、名簿提供と地方自治の関係についても指摘する。

「このようにいのちの危険が高まる自衛隊の現状を考慮せず、市民である若者本人にも伝えずに、個人情報を提供するのは大いに問題です。徴兵制があった戦前、地方行政機関は国の下請けとなって徴兵事務を担い、住民を戦場に送り出しました。その反省から戦後は徴兵制もなくなり、憲法で地方自治が保障され、自治体は国の下請けではなくなったのです。政府の言いなりになって若者名簿を提供することは、地方自治の否定にもつながります」

裁判の主な争点は「名簿提供の法的根拠の有無」である。福岡市側は「ある」として概《おおむ》ね次のように主張した。

「市区町村は自衛隊法第九七条第一項にもとづき、自衛官募集事務として「募集期間の告示、受験票の交付、広報宣伝」などをおこなう。その事務には同法施行令第一二〇条にもとづく、募集に必要な「資料の提出」もあり、名簿の提供もふくまれる。それらは地方自治法にもとづき国から自治体に委託された法定受託事務と解される」

「また、福岡市個人情報保護条例は、市が保有する個人情報の外部提供が可能な例外規定として「公益上の必要がある」場合を定めている。被災地支援など公益性の高い任務を担う自衛隊の隊員募集は必要な事務であり、名簿提供は行政事務の効率化にも資するため、「公益上の必要」がある」

一方、原告側は「ない」として概ねこう反論した。

「市区町村の自衛官募集事務として、自衛隊法施行令第一一四〜一一九条は「募集期間の告示」などを具体的に定めている。しかし、第一二〇条には「資料の提出」とあるだけで、個人情報である名簿の提供については具体的に定めていない。自衛隊関係法令の解釈としては、提出される「資料」とは応募者数の見通しや応募年齢層の概数などに限定されるとの見解が有力である。「資料」に名簿までふくめるのは拡大解釈で、名簿提供は法定受託事務ではない」

「また、自衛隊はいまや米軍とともに海外で戦闘までする軍事組織に変質し、隊員が戦死するおそれも高まっている。このようにいのちの危険が高まる自衛隊の隊員募集用に市民の個人情報を外部提供するのは、「個人の権利利益を保護する」という福岡市個人情報保護条例の制定目的に反しており、「公益上の必要」はない。行政事務の効率化についても、個人情報保護・プライバシー権の重要性と比較すれば、「公益上の必要」があるとはいえない」

なお自衛隊法施行令第一二〇条にある「資料」の解釈について、定評のある自衛隊関係法令の解説書『防衛法』(『自由国民・口語六法全書』第三三巻、宇都宮静男監修、自由国民社、一九七四年)は、「(募集)事務がスムーズに遂行される」よう、「募集に対する一般の反応、応募者数の大体の見通し、応募年齢層の概数等に関する報告および県勢統計等」と限定的に解釈しており、個人情報にあたる名簿にはまったく言及していない。

軍事優先の法的根拠の拡大解釈

福岡地裁での判決は二〇二三年三月八日、福岡市側の主張を認め、名簿提供は違法ではないとして請求を棄却した。原告側は福岡高裁に控訴したが、同年一〇月四日、同じく棄却されたため、最高裁に上告した。荒木さんは両判決には納得できないという。

「名簿提供が法定受託事務でないことは、二〇二一年二月五日付の防衛省と総務省の通知(前出)に、「本通知は、地方自治法第二四五条の四第一項に基づく技術的助言である」と書かれていることからも明らかです。福岡市が主張するように法定受託事務であるのなら、通知にそう明記してあるはずです。わざわざ「技術的助言」と書き入れる必要もありません。同法第二四七条第三項は、自治体が国の「助言」に従わなくても、国は自治体に対し「不利益な取扱いをしてはならない」と定めています。つまり従わなければならない義務ではないのです」

実際、辻元清美参院議員(立憲民主党)の質問主意書への岸田内閣の答弁書(二〇二三年一二月一日)は、名簿提供を自治体に「強制するものではない」と認め、自治体が「助言」に従わなくても、「不利益な取扱い」はしないと明言している。自治体には名簿提供の要請に応じる義務はなく、どう対応するかは自治体側の判断しだいなのである。すなわち法定受託事務ではないということだ。

さらに答弁書は、「住民基本台帳に記載された個人情報」である名簿の提供を自治体ができる法的根拠は、「自衛隊法第九七条第一項及び自衛隊法施行令第一二〇条の規定であり、住民基本台帳法の規定ではない」と述べている。

これは裏を返せば、自治体が管理する住民の個人情報の取扱いは本来、住民基本台帳法にもとづかなければならないのだが、同法上には自衛隊への名簿提供の法的根拠がないので、自衛隊法と同法施行令を強引に拡大解釈して「法的根拠」をつくりだしたものといえる。

前出の防衛省と総務省の通知で「住民基本台帳法上、特段の問題を生ずるものではない」と、あいまいに適法性を装っているのもそのためだ。地方自治と個人情報・プライバシー権の保護よりも、自衛隊の「人的基盤の強化」を重視する、まさに軍事優先の発想によるものだ。福岡地裁・高裁の判決は、この「法的根拠」の拡大解釈を見落とし、結果的に政府の自衛官募集の強化という国策を追認している。

この裁判に原告側の依頼で意見書を提出した、行政法が専門の前田定孝三重大学准教授(六一)は、こう説き明かす。

「確かに住民基本台帳法には、名簿提供の法的根拠はありません。同法第一一条には個人情報の外部提供についての定めなどないのです。自治体は自衛官募集事務と住民基本台帳の管理事務を混同してはなりません。ところが、本来の同法の規定を離れて、防衛省と総務省の通知に追随する自治体が多くみられます。これでは法令解釈権が国の行政機関に一元化してしまいます。法治主義と地方分権改革の趣旨にも反します。個人情報にかかわる住民基本台帳の管理は、同法にもとづき市区町村を実施主体とする自治事務であり、国から委託された法定受託事務ではないのです。住民基本台帳の一部の写しを名簿として提供することは、閲覧しか認めていない同法第一一条一項に違反します」

福岡市にも見解を聞いたところ次の回答が届いた。

「自衛官等募集は地方公共団体の法定受託事務で、自衛隊法施行令で「防衛大臣は、必要な報告又は資料の提出を求めることができる」と規定されており、自衛隊の依頼を受け、募集対象者情報を提供しています。裁判では一審、二審ともに本市の主張が認められており、今後とも個人情報の適正な取扱いに努めます」

戦前の徴兵制の兵事事務と似ている点

それにしても、名簿を利用した自衛官募集のダイレクトメールは、実際どの程度効果をあげているのだろうか。

前出の『平和新聞』編集長で、名簿提供問題に詳しい有田崇浩《たかひろ》さん(三二)が、情報公開法による文書開示請求で得た防衛省陸上幕僚監部の内部資料「募集広報媒体認知度等調査報告書」(二〇一四年度)によると、自衛隊志願者が自衛官等募集の存在を初めて知った広報媒体の第一位は「ホームページ」(スマホ用ホームページもふくむ)で全回答数(二万四一九二)の一八・七パーセント、第二位は「親・親戚」で一三・七パーセント、第三位が「学校・教師」で一三パーセント……と続き、自衛隊地方協力本部のダイレクトメールを指す「地本の郵便物」はわずか一・四パーセントしかない。効果があるとはとうていいえない数字だ。

「防衛省・自衛隊は当然こうした傾向は把握したうえで、名簿提供を求め続けているとみられます。実際に効果があるかどうかよりも、自衛隊の人的基盤強化のために自治体に下請け的な業務を担わせる〝仕組み〟を整えてゆくこと自体に狙いがあるのでしょう」

有田さんはそのように推し量り、自治体が住民基本台帳から自衛官募集の適齢者の個人情報を抜き出し、名簿化して自衛隊に提供する一連の事務が、戦前・戦中の徴兵制と似ていることに注意をうながす。

一九四五年のアジア・太平洋戦争敗戦までの日本、すなわち大日本帝国では、憲法第二〇条に「日本臣民ハ法律ノ定ムル所ニ従ヒ兵役ノ義務ヲ有ス」と定められていた。そして兵役法の

第一条で、「帝国臣民タル男子ハ本法ノ定ムル所ニ依リ兵役ニ服ス」とされていた。男性で満一七歳から四〇歳まで(一九四三年の兵役法改正後は四五歳まで)が兵役義務のある期間だった。

徴兵制のもと全国の市町村には兵事係という部署が置かれていた。徴兵検査、召集令状の交付・配達、出征兵士の見送り、武運長久祈願祭の開催、志願兵の募集・勧誘、戦地への慰問袋の取りまとめ、戦死の告知、戦死者の公葬、出征軍人家族や遺族の援護、戦没者慰霊祭と護国神社・靖国神社への合祀など、兵事に関する膨大な業務を担った。

その業務に関するさまざまな書類を兵事書類という。たとえば、徴兵事務をまとめた「徴兵ニ関スル書類綴」、二年間の現役兵の義務を終えて除隊した予備役などの「在郷軍人名簿」、在郷軍人に対し赤紙と呼ばれた召集令状を交付・配達した記録「動員日誌」などである。

兵事係は毎年の徴兵検査に向けて、二〇歳になる青年男子の氏名などを戸籍から抜き出し、「壮丁《そうてい》連名簿」という徴兵適齢者の名簿として軍に提出していた。そして、出頭日時と場所を記した「徴兵検査通達書」を兵事係が各徴兵適齢者に渡した。徴兵検査では体格と健康状態に応じて、現役兵に最適の「甲種」、現役兵または戦時の召集対象となる補充兵役《へいえき》に適する「乙種」、徴集の対象外だが戦時の召集はありえる国民兵役に適する「丙種」、不合格で兵役免除の「丁種」、病中または病後や発育の遅れなどで判定できず翌年再検査の「戊《ぼ》種」などに軍が選別をした。

兵事係は現役兵らの性格・風評・家庭環境などの個人情報を調べて「現役兵身上明細書」を作成し、軍に提出した。それは隊内で上官が兵士を管理するために使われた。戦時の動員では、除隊していた元現役兵や補充兵役者など在郷軍人を召集する令状「赤紙」も、兵事係が軍から届いたものを本人に渡すため配達していた。地方行政機関がまさに国家の下請けとなり、戦争体制を支える精密な仕組みが整っていたのである。

徴兵制の土台ともなりえる仕組み

一九四五年八月一四日、当時の日本政府がポツダム宣言の受諾すなわち降伏を決定した直後、戦争責任の追及を恐れた陸軍参謀本部と陸軍省から、全陸軍部隊に機密書類の焼却が命じられた。焼却の範囲は全国の市町村の兵事書類にも及び、八月一五日の敗戦直後から数日間にわたって、焼却命令が各地の陸軍師団長、連隊区司令官、警察署長をへて各町村に伝えられた。各市には連隊区司令官から伝えられた。

そのため全国の市町村で大量の兵事書類が焼かれた。しかし、一部の兵事係が密かに兵事書類を隠して残した事例がごくわずかだがある。私は滋賀県大郷村《おおざとむら》（現・長浜市）役場で兵事係をしていた西邑仁平《にしむらにへい》さん(一九〇四―二〇一〇年)が、戦後六〇年あまり自宅で密かに保管していた兵事書類の存在を知り、取材したことがある(詳細は拙著『赤紙と徴兵――105歳、最後の兵事係の証言から』彩流社、二〇一一年)。なお海軍でも同様に書類を焼却している。

「今後も自衛隊の募集対象者の人口は減少するでしょう。アメリカでは兵役義務ではないものの、緊急事態時や戦時に備えて一八～二五歳のアメリカ市民および永住権を持つ男性の「選抜徴兵」制への登録義務があり、その名簿を政府が管理する仕組みがあります。自治体による自衛隊への名簿提供は、戦時に若者を動員する体制や徴兵制の土台《ベース》にもなりえる仕組みといえるので、警戒すべきです」(有田さん)

アジア・太平洋戦争の敗戦直後、アメリカを中心とする連合国による占領下、「ポツダム宣言」と「降伏文書」にもとづき、ダグラス・マッカーサー連合国最高司令官は日本の非軍事化、民主化、占領軍(実質的には米軍)の基地使用など、占領政策の遂行のため数々の命令を、「指令」や「覚書」などの形式で発した。日本政府はそれらの命令に従わねばならず、緊急勅令「ポツダム宣言ノ受諾ニ伴ヒ発スル命令ニ関スル件」を一九四五年九月二〇日に制定した。

それにもとづき、一九四五年一一月一六日に勅令「兵役法廃止等ニ関スル件」(いわゆる「ポツダム勅令」のひとつ)が制定され、兵役法は廃止された。徴兵制もなくなり、そして兵事係もなくなった。以後、この国に兵事係は存在しない。

しかし現在、自治体による自衛官募集用の若者名簿の提供がひろがっている。自治体職員が住民基本台帳から若者名簿を作成し、自衛隊に提供している事実に、かつての兵事係の歴史が重なってくる。自治体が自衛隊の下請け機関的な役割を担うことで、現代版「兵事係」復活の危険性が頭をもたげていはしないだろうか。

「経済的徴兵制」を視野に対策

自衛隊は自衛官募集・勧誘において、「民間の年収より自衛官のほうが有利、資格取得・再就職支援制度あり」など経済的メリットを強調している。

たとえば自衛隊東京地方協力本部から西東京市在住の高校卒業年齢の一八歳にあてたダイレクトメール(本章扉写真)でも、具体的な給与の金額をアピールしている。二〜三年を一任期とする任期制自衛官になるための自衛官候補生の場合、「入隊時の給与一四万六〇〇〇円。三カ月後に二士に任官した時の給与は一八万四三〇〇円」。そして、陸上自衛隊での一任期(二年間)の通算給与額は約六四八万円、海上自衛隊(艦艇での任務)での一任期(三年間)の通算給与額は約一二五〇万円に達することを強調している。さらに、「国家公務員としての福利厚生に加えて、宿舎費無料、食事、制服・作業着・靴その他の被服類、寝具等も無料支給・貸与」と、経済的メリットを並べる。

防衛省は大学や大学院（専門職大学院を除く）の理学・工学専攻の学生で、卒業（修了）後、その専攻を活かして引き続き自衛隊に勤務する意思を持つ者に、学資金を貸与する制度も運用している。この制度の利用者は卒業（修了）後、入隊して四年以上かつ学費を補助した期間の一・五倍の期間を勤務すれば返済を免除される。入隊後は幹部候補と位置づけられる（『日本経済新聞』二〇二三年六月二三日朝刊）。

さらに「防衛力整備計画」では、「任期満了後の再就職、大学への進学等に対する支援の充実を図る」としている。

これを受けて、防衛省は自衛隊への入隊を希望する大学生への奨学金を、理系のみから文系にも対象をひろげ、大学三年生以降だった支給開始時期を入学時へと早めるという。支給額も現行の月五万四〇〇〇円からの増額をめざす。現行の「貸費学生」制度を利用できる学生は同期間で四〇人しかなく、利用人数も上限まで達していなかった。新たに文系を追加し、支給開始を大学一年生に前倒しして数十人ほどの枠の上積みをはかる（『日本経済新聞』同前）。

防衛省・自衛隊が二〇二三年七月一一日に公表した「人的基盤の強化に関する有識者検討

会」の報告書でも、「貸費学生」制度のさらなる充実などを概ねこう提言している。

「常に新陳代謝を図り若く壮健な人材を確保するには、任期を定め雇用する任期制自衛官は今後も必要な制度だ。高校新卒者のみに募集努力を集中するのではなく、民間企業などを早期に離職した者を新たな募集ターゲットとして取り込むことも必要だ」

「大学生の半数近くが奨学金を利用しているといわれ、学業の成果を国防に役立てたいと考える学生は一定程度存在する。奨学金と類似した貸費学生制度は、募集強化の大きな武器だ」

このような支援策の拡充は、経済格差が拡大する日本社会において応募者を増やすには、低所得階層の若者をターゲットにするのが有効との考えから出されたアイデアであろう。いわゆる「経済的徴兵制」の浸透を視野に入れた対策といえる。

「経済的徴兵制」とは、アメリカなどでみられるように、「貧困層の若者に対し、学費免除や医療保険加入などの経済的支援を提示して、軍への入隊を募ること。強制的・制度的な徴兵ではないが、貧困から抜け出す道が限られている若者が、やむをえず募兵に応じざるをえない状態」を意味する(『デジタル大辞泉』小学館)。

しかし、人口減少が続く日本では今後あらゆる職種で人手不足になってゆく。はたしてどれだけの人が自衛隊に応募するだろうか。自衛隊が米軍とともに戦い、実際に戦死傷者が出るような事態になった場合、「経済的徴兵制」の手法で必要な人員が満たせるだろうか。まして憲法第九条への自衛隊明記などの改憲がおこなわれた場合、将来的に徴兵制の導入も現実味を増してきはしないだろうか。

自治体を戦争体制に組み込む動き

これまで日本政府は国会で、「徴兵制は憲法第一八条が禁止する「意に反する苦役」に該当する。明確な憲法違反であり、徴兵制の導入はまったくあり得ない。このような憲法解釈を変更する余地はまったくない。いかなる安全保障環境の変化があろうとも、徴兵制が本人の意思に反して兵役に服する義務を強制的に負わせるものという本質が変わることはない。総理大臣が替わっても、また政権が替わっても、徴兵制の導入はあり得ない」といった答弁(たとえば二〇一五年七月三〇日、参議院「我が国及び国際社会の平和安全法制に関する特別委員会」での安倍首相の答弁)をしてきた。

憲法第一八条(奴隷的拘束・苦役からの自由)は、「何人も、いかなる奴隷的拘束も受けない。又、犯罪に因る処罰の場合を除いては、その意に反する苦役に服させられない」と定めている。

しかし、仮に自民党が目指す「四項目改憲案」(二〇一八年作成。①自衛隊の明記、②緊急事態条項の新設、③参議院の合区解消、④教育充実)の、憲法第九条への自衛隊明記の改憲がなされた場合、自衛隊は国会や内閣や裁判所と同じような高度の公共性を持つ存在として憲法上に位置づけられ、徴兵制も「意に反する苦役」ではなく、徴兵制の導入も可能だと、政府は閣議決定などで強引に解釈変更をしないとも限らない。

まして自民党の「日本国憲法改正草案」(二〇一二年)のように、自衛隊を国防軍化する改憲がなされたら、そのおそれはさらに高まる。もしもそうなったら、自治体は国家の動員体制の下請け機関の役割を担わされ、兵事係にあたる部署も復活するであろう。

二〇二四年一〇月一日に政権の座についた石破茂首相は、憲法第九条への自衛隊明記よりも踏み込んだ、第九条二項(戦力の不保持・交戦権の否認)削除と自衛隊の国防軍化の改憲が持論である。徴兵制についても、「徴兵制は憲法違反だと言ってはばからない人がいますが、そんな議論は世界中どこにもない」と国会で発言したこともあり(二〇〇二年五月二三日、衆議院憲法調査会)、もともと徴兵制合憲論者といえる。このような石破首相のタカ派的姿勢も危ぶまれる。

有田さんは、自治体の防災関係部門に勤める退職自衛官が「二〇一六年は全国で三七二人だったのが、二二年三月末の時点で六〇一人に増えているのも気がかりだ」という。防衛大臣が毎年、市区町村長あてに送る「自衛官募集等の推進について」という文書でも、若者名簿の提供依頼に加えて、退職自衛官の防災関係部門での採用推進についても自治体に連携の強化を呼びかけている。

「名簿提供もふくめた自衛官募集業務を防災関係部門で担う自治体も増えつつあり、人的基盤の強化に向けた防衛省・自衛隊の自治体への〝浸透作戦〟が進んでいます」と、有田さんは警鐘を鳴らす。なお『防衛白書』令和六年版によると、自治体の防災・危機管理部門に勤める退職自衛官は、二四年三月末の時点で六六五人に増えている。

岸田政権は「安保三文書」にもとづき、民間の空港・港湾の自衛隊や米軍による軍事利用も進めた。政府は二〇二四年四月一日、七道県一六カ所の自治体管理もふくむ空港と港湾を「特定利用空港・港湾」に指定した。有事すなわち戦時に自衛隊の航空機や艦船が、民間空港・港湾を円滑に使用して軍事作戦を遂行できるよう、平時から訓練や補給などで利用することを狙ったものだ。各自治体と政府の間で「円滑な利用に関する確認事項」の合意文書を交わすようになっている。自治体を有事体制＝戦争体制に組み込もうとする動きの一環である。

兵事係の再来を許してはならない

戦前・戦中、大日本帝国憲法下では、地方自治は存在せず、県や府や市町村などはすべて国家の地方組織で、市町村は内務省から派遣された府県の知事のきびしい監督下にあった(長谷川正安『日本の憲法 第三版』岩波新書、一九九四年)。

だが戦後は、日本国憲法で地方自治が保障された。そこには、地方行政機関が国家の下で戦争体制の手足となったことを繰り返さぬように、という歴史の教訓が込められている。兵事係の再来を許してはならないということだ。

福岡の住民訴訟の原告で訴訟団事務局の脇義重さん(七九)は、自治体による自衛隊への若者名簿の提供は国家による戦争準備と密接につながる問題だとして、こう訴える。

「自衛隊への名簿提供問題には、プライバシー権が侵される人権侵害、自治体が国の下請け機関にされてゆく地方自治の危機、国の動員体制・戦争への準備という、いわば三位一体の問題が凝縮されています。憲法が保障する個人の尊重、地方自治、平和的生存権が脅かされているのです。その危機感から、私たちはこうした動きに抗うため名簿提供に反対の声を上げています。憲法の地方自治の規定のもと、国と自治体は対等なのです。自治体は国の戦争準備に手を貸してはいけません」

そして、自衛隊への名簿提供がひろがるきっかけとなった、二〇一九年の自民党大会での安倍首相の発言が、憲法第九条への自衛隊明記という改憲案推進に伴うものだった点に、あらためて注意をうながす。

「自衛隊への若者名簿の提供は、改憲によって自衛隊を軍隊化させ、自衛という名目で戦争することを辞さない国家に変えていこうとする動きと密接にからんでいます。二〇一五年、前年の集団的自衛権の行使容認の閣議決定を受けた安保法制の制定で、政府は不戦の憲法があるのに、下位規範である法律で戦争をすることを法的に可能にしました。憲法を解体する動きです。憲法が保障するプライバシー権を侵害し、地方自治権を形骸化させる自衛隊への名簿提供も、そうした憲法解体の企《くわだ》ての一環なのです」

自衛隊への名簿提供問題を通じて、第二次安倍政権―菅政権―岸田政権と続いた憲法解体の企てと軍事優先の国策が表裏一体であることが浮き彫りになる。

多くの自治体が自衛隊に若者名簿を提供するなか、福岡県の小郡市《おごおりし》は、二〇一六年度に同市個人情報保護審議会が、自衛隊法施行令第一二〇条で規定されている「資料」に「個人情報が含まれると解釈するのは困難である」ため、「適齢者情報を提供することの妥当性は認められない」と答申したことから、名簿提供を止めて閲覧に切り替える措置をとった。

また、同県太宰府市も二〇二一年度から名簿提供をおこなっていたが、二四年三月に自衛隊と協議したうえで、二四年度から名簿提供を中止して、閲覧形式にもどした。その理由として同市担当者は、「(名簿提供に関する)訴訟が全国的に広がっていること」などを挙げた。こうした市側の方針転換をうながしたのは、名簿提供を問題視する超党派の市議会議員による議会での追及質問、名簿提供の中止を求める市民の署名集めなどの反対運動である(『しんぶん赤旗』二〇二四年七月一八日)。

このように政府の軍事優先の「法的根拠」の拡大解釈に惑わされず、地方自治の主体性を保とうとする自治体も存在している。

軍事優先の国策への異議申し立て

二〇二四年二月二六日には、福岡での訴訟に次いで、神戸市に住む五〇〜七〇代の男女六人が、市から自衛隊への本人の同意なしの名簿提供は、プライバシー権を保障する憲法第一三条や市の個人情報保護条例などに違反するとして、やはり市長の財務運営上の責任を問う住民訴訟を神戸地裁に提訴した。

原告側は、自衛隊法や同法施行例に個人情報の提供に関する明文規定はないとして、「あいまいな規定を根拠に個人情報を提供できるなら、健康状態や職業、家族構成など、センシティブな情報まで提供される恐れがある」と主張している(『朝日新聞』二〇二四年二月二七日朝刊)。

奈良市でも二〇二四年三月二九日に、市から自衛隊への名簿提供にもとづき、自衛官募集のダイレクトメールを送られた一八歳の高校生が原告となり、本人の同意なしの名簿提供は個人情報保護法、住民基本台帳法、プライバシー権を保障する憲法第一三条に違反するとして、国家賠償法にもとづき、精神的被害に対する損害賠償を市と国に求める裁判を起こした。個人情報を自衛隊に提供された当事者による全国初の訴訟である。原告（ニックネームＲＹＵ）は提訴にあたり次のようなコメントを発している。

「自衛隊からの勧誘はがきが届いたときは、自衛隊に行く気もありませんでしたし、特に何も思いませんでした。しかし、その後よく考えてみると、自分の個人情報が自衛隊に本人の承諾もなしに渡っていることがすごくおかしいと思いました。

自衛隊の印象は、災害救援で活躍しているということぐらいで、それ以上のことは知りませんでした。自分は戦争はない方がよいと思っています。争いごとは話し合いで解決すべきと思っているので、武器を持ってたたかう自衛隊に参加するつもりはありません。自衛隊から勧誘のはがきが届いたことは、やっぱり怖いなと思っています。

全国で自分と同じような年齢の、若者の個人情報が自衛隊に提供されているのはおかしいと感じています。自分が原告になることで、若者の個人情報提供を止めるようにするために少しでもお役に立てるのなら、という気持ちで原告になることを決意しました」(「自衛隊名簿提供違憲訴訟(RYU裁判)を支援する会ニュース」第五号、二〇二四年四月一日)

個人の尊重よりも軍事に重きを置く国策への異議申し立てが続いている。

第3章　軍事費の膨張と国民の負担
——侵食される社会保障と生存権

三菱電機本社前で「武器輸出反対」を訴える市民たち

武器輸出反対の声

二〇二四年三月二一日、東京駅近くの大企業が集まる丸の内のビル街、三菱重工と三菱電機の本社前で二十数人の市民が「武器輸出から撤退を」「「死の商人」にならないで」などのプラカードを掲げ、「武器輸出反対」「敵基地攻撃ミサイル製造反対」の声を上げた。消費者団体の日本消費者連盟と主婦連合会、市民団体の武器取引反対ネットワーク（NAJAT）による共同アピール行動で、三菱重工に「敵基地攻撃ミサイルの製造と次期戦闘機共同開発からの撤退」を、三菱電機に「武器輸出と国際共同開発からの撤退」をそれぞれ求める要請書を渡した。

六日前の同年三月一五日、自民・公明両党の国会無視の密室協議で、日本・イギリス・イタリアが共同開発する次期戦闘機の、日本から第三国への輸出が合意されていた。共同開発に参加する主な日本企業は、三菱重工と三菱電機とIHIである。同月二六日には、この武器輸出を解禁する岸田政権の閣議決定もなされた。殺傷力の強い戦闘機の輸出は紛争を助長し、民間人も巻き込む戦禍の拡大を招くおそれが高い。憲法の平和主義にもとづき「武器輸出三原則」（以下「三原則」）で武器輸出を原則禁じた、戦後日本の理念を骨抜きにするものだ。

「三原則」とは、一九六七年に当時の自民党・佐藤栄作内閣が、①共産圏諸国、②国連決議で武器の輸出先として禁止された国、③国際紛争の当事国やそのおそれのある国への武器輸出は認めない方針を表明したものだ。七六年には当時の三木武夫内閣が「三原則」の該当国以外へも武器輸出を慎むとし、事実上の武器輸出禁止を意味するものとなった。八一年には衆参両院で「三原則」の厳格な運用を求める国会決議も全会一致で採択され、憲法の平和主義を体現する国是ともいえる重みを持ってきた。それを与党のごく限られた議員らの密室協議でくつがえしたのだ。国会軽視の極みである。

両社への「要請書」は、「憲法九条のもと発展してきたはずの日本企業が、政府の後押しで武器輸出に踏み出」そうとすることへの危惧を伝え、「日本が攻撃されもしないのに、第三国の戦争で使用される武器を開発して輸出し、その武器が第三国の人々を殺傷すること」はあってはならないと訴える。

三菱重工に対しては、「国内最大手の軍需企業」として、「安保三文書」にもとづく「敵基地攻撃能力のあるミサイル開発」を請け負う点も問題視して、「専守防衛に徹してきた日本が、敵とみなす国を先制攻撃することがあってはなりません」と強調している。

また三菱電機に対しては、同社が二〇二三年一〇月にフィリピンに警戒管制レーダー（防空レーダー。四基を受注）を輸出し、「日本で唯一完成品武器を輸出した企業」となり、オーストラリア国防省とも同年一〇月に「武器共同開発の契約を締結」したことも批判している。この共同開発の対象は戦闘機や車両などの警戒・監視機能を高める最先端レーザー技術で、日本企業が外国の政府機関と武器の開発で直接契約を結ぶ初の事例だ。

そして両社に「「死の商人」にならないでください！」という葉書を送る「武器輸出中止を求めるはがきアクション」の実施と、両社のエアコンや掃除機などの製品の不買運動も表明した。

「私たち消費者は企業の姿勢を見ています。いのちや暮らしを脅かす武器輸出をする企業の製品は買いたくないという声が次々と上がっています。武器の開発・輸出から撤退し、平和に即した物づくりをしてください」とハンドマイクを手に、日本消費者連盟の纐纈美千世《こうけつみちよ》事務局長は呼びかけた。

この「武器輸出中止を求めるはがきアクション」のはがき付きチラシには、以前、イギリスとイタリアなどが「共同開発した戦闘機ユーロファイターがサウジアラビアに輸出され、イエメン内戦への軍事介入で無差別空爆に使用された」ように、「次期戦闘機も第三国輸出によって戦争犯罪をもたらす恐れがある」点に注意を喚起している。「メイドインジャパンの武器が他国の人々を殺傷すること」、すなわち間接的な戦争の加害者に日本がなってしまうことの罪深さに思いを及ぼそうとうながしている。

「死の商人」国家への堕落

政府は今回の次期戦闘機の共同開発と武器輸出に関して、「歯止め」策として①輸出の対象は次期戦闘機に限定、②日本との「防衛装備品・技術移転協定」の締結国に限定、③「現に戦闘が行われている国」は除外、④個別案件ごとの閣議決定を列挙した。

しかし、輸出の対象は今後、個別案件ごとにいくらでも追加できる。現に次期戦闘機の第三国輸出を合意した密室の与党協議座長で、衆院議員（自民党）の小野寺五典《いつのり》元防衛大臣は、「戦闘機というハードルの高い装備が最初に認められた。第三国移転の道は開けた」（『産経新聞』二〇二四年三月二七日朝刊）、「新しい案件を追記していけばいいだけで、何の制約もない」（『朝日新聞』二〇二四年三月二七日朝刊）と言い放っている。

「防衛装備品・技術移転協定」の締結国は現在、アメリカ、イギリス、フランス、イタリアなど一五カ国だが、政府の方針によって増やせる。輸出の時点で「現に戦闘が行われて」いなくても、その後、戦闘する当事国にもなりえる。

「現に戦闘が行われていない」の解釈も恣意的である。たとえばアメリカの場合は、イラクやシリアやイエメンなど中東で親イラン武装勢力などへの空爆を繰り返していても、「米国において現に戦闘が行われていない」ため、アメリカは「現に戦闘が行われていると判断される国」には該当しないという、ご都合主義的な政府の国会答弁(二〇二四年四月九日、衆院安全保障委員会、木原稔防衛大臣)もなされている。

閣議決定に国会は関与できず、政府・与党の密室協議で個別案件が決められ、形式的な閣議決定で武器輸出にお墨付きを与えることになってしまう。結局どれも実効性のある歯止めにはなりえない。武器輸出問題に長年取り組んできた武器取引反対ネットワークの杉原浩司代表は、強い危機感を表す。

「岸田首相は、共同開発の次期戦闘機を第三国に輸出すればコストが回収でき、日本の国益にもなるという趣旨の国会答弁をしましたが、日本製の武器で他国の人びとが殺されようが、自国の軍需産業の儲けを優先する、と言っているのに等しいわけで、「死の商人」国家への堕落といえます。殺傷力の高い戦闘機の輸出がいいとなれば、今後ミサイルや潜水艦などあらゆる武器の輸出へとエスカレートしてしまうでしょう。侵略戦争の反省を踏まえ、二度と戦争の加害者にならないとしてきた国のかたちを変える重大な問題です。アメリカのように軍産学複合体が形成され、戦争と軍需景気を欲する政治・経済構造ができあがってしまうおそれがあります」

主婦連合会の河村真紀子会長も、三菱重工が長射程で周辺国に届く四種類もの敵基地攻撃ミサイルの開発・量産を受注したのを踏まえて、こう指摘する。

「専守防衛からはずれる憲法違反の敵基地攻撃ミサイルは、国際法が禁じる先制攻撃の危険性をはらむものです。製造すべきではなく、保有すべきではありません。戦後、日本は二度と戦争の加害者にならないことを誓って、憲法九条のもと軍事大国化せず、また戦争をせずにきました。憲法の精神を生かし、武力より対話を通じて平和を築くべきです。日本企業にもこの平和国家の理念を支える企業活動に徹してほしいです」

さらに日本消費者連盟の纐纈事務局長は、「日本が長射程の敵基地攻撃ミサイルの開発・量産・保有を進め、戦闘機の輸出にまで踏み出すことは、アジアの国々に、日本がふたたび戦争をする国になるのではないかという不安や警戒の念を抱かせてしまいます」と懸念を示す。

それは東アジアでの軍拡競争を招き、緊張と対立により戦争へとエスカレートするリスクを高めることにつながる。「対話を通じて平和を築くべき」という憲法の精神とは真逆の方向性である。

「死の商人」養成策を国策に

政府・自民党は武器輸出と敵基地攻撃ミサイル保有に前のめりの姿勢を強めてきた。その根本には、アメリカの対中国軍事戦略に追従する、「安保三文書」にもとづく大軍拡と軍事費（防衛費）膨張がある。

「国家安全保障戦略」は、「我が国の防衛生産・技術基盤」は「防衛力そのもの」であり、「力強く持続可能な防衛産業を構築するために、事業の魅力化を含む各種取組を政府横断的に進める」と支援強化を謳っている。その一環として「防衛装備移転」という名の武器輸出を、「官民一体となって」進めるとしている。

それを受けて「防衛力整備計画」では、「防衛装備品の販路拡大を通じた、防衛産業の成長性の確保にも効果的」な「防衛装備移転」すなわち武器輸出を、「政府が主導し、官民の一層の連携」のもと、「基金を創設し、必要に応じた企業支援」もおこない「推進する」ことを掲げている。まるで「死の商人」養成策だ。それを政府主導の国策にするというのである。

また「国家防衛戦略」は、「我が国の防衛に資する装備品を取得する手段」として、「我が国主導の国際共同開発を推進」と打ち出し、「防衛力整備計画」でその具体策として「次期戦闘機の英国及びイタリアとの共同開発を着実に推進し、二〇三五年度までの開発完了を目指す」

としている。次期戦闘機の第三国への輸出という武器輸出の解禁は、「安保三文書」による「死の商人」養成策と結びついているのである。

岸田政権は二〇二三年一二月、「防衛装備移転三原則」と「運用指針」を改定し、外国企業の兵器を日本で製造する許可（特許料を支払って）を得た「ライセンス生産品」を、ライセンス元の国に輸出できるようにした。これも武器輸出解禁の一環である。これにより三菱重工がライセンス生産した地対空ミサイル「パトリオット」を、アメリカに輸出することが決まった。

日本の「死の商人」国家化は、アメリカとの武器の共同開発・生産の推進政策にも色濃く表れている。二〇二四年四月一〇日（日本時間一一日）にワシントンでおこなわれた岸田首相とバイデン大統領（当時、以下同）の日米首脳会談では、岸田政権による武器輸出の促進に対してバイデン大統領が歓迎の意を表し、日米の武器の共同開発・生産の推進に向けて、防衛省と米国防総省が主導する日米の軍需産業間の協議体「日米防衛産業協力・取得・維持整備定期協議」（DICAS）の新設を合意した。

「日米首脳共同声明」によると、DICASは「日米の防衛産業が連携する優先分野を特定」するために設置される。その優先分野として挙げられたのは、「ミサイルの共同開発及び共同生産」、在日米軍基地に配備されている軍艦や戦闘機の「日本の民間施設における共同維持整備」すなわち修理・整備である。

二〇二四年六月に東京で、一〇月にハワイで、すでにDICASの会合が開かれ、いずれもアメリカ企業が開発した地対空ミサイル「パトリオット」や空対空ミサイルAIM-120(AMRAAM)の共同生産、日本の造船所での米軍艦の整備、兵器部品のサプライチェーン(供給網)の強靱化などについて協議している。

将来的には、敵基地・敵国攻撃が可能な長射程ミサイルの共同開発・生産、第三国への輸出なども、協議され、実施されることもありえる。

このように武器の共同開発・生産を進めれば、結局は資金力も技術力も武器輸出の実績もまさる巨大なアメリカの軍需産業の主導下に日本企業は組み込まれるだろう。それはアメリカの軍産学複合体に従属し、その国際的な武器輸出ネットワークに取り込まれることを意味する。

アメリカを筆頭にロシア、イギリス、フランス、イタリア、中国など各国の軍需産業が武器を生産し輸出することで、世界中に大量の武器が出回っている。その結果、世界各国で軍事力が増強され、破壊力と殺傷度も高まり、国際紛争や国内紛争に使われて、民間人をふくむ多くの被害者が生み出されている。

武器輸出は常に世界各地で緊張、対立、紛争が続くことを前提にしている。各国の軍隊は緊張、対立、紛争を理由に軍備を増強する。それにつれて大量の武器も売れる。つまり、他国の人びとが紛争・戦争によって死傷し、血を流すことを前提に利益を得る発想が、武器輸出の根底にはある。だから、これまで日本は国際紛争を助長しないように、憲法第九条を持つ国として武器輸出をせずにきた。

ところが、それをなし崩しに形骸化させ、平和の理念よりも軍需産業の利益や自衛隊の軍事的合理性を優先させる流れが強まっている。このままでは、軍産複合体の利益を重視するアメリカのように、他国の人びとの流血と死を前提に利益を得るような国に変わってしまいかねない。

軍需産業への手厚い財政支援

武器輸出（「防衛装備移転」）の推進と「防衛生産・技術基盤」の強化は、そもそも経済界の強い要望を取り入れたものだ。財界中枢の大企業が集まる経団連（日本経済団体連合会）が二〇二二年四月に発表した「防衛計画の大綱に向けた提言」は、こう主張している。

「防衛装備・技術の海外移転は、わが国の安全保障を強化するために、米国をはじめ価値観を共有する諸国との防衛協力を推進する重要な方策の一つであり、わが国の防衛生産・技術基盤の強靭化にもつながる」

このような財界の要望、欲求が前出の提言から八カ月後の二〇二二年一二月に閣議決定された「安保三文書」に、確実に反映されたとみられる。

「安保三文書」の防衛産業(軍需産業)支援強化を法制度化したのが、二〇二三年六月に成立した防衛産業支援法(軍需産業強化法)である。同法には「防衛生産基盤の強化」として、自衛隊の武器など各種装備を製造する企業への手厚い財政支援が盛り込まれている。

たとえば企業が、①原料・部品のサプライチェーン(供給網)の強靭化、②製造工程の効率化、③サイバーセキュリティの強化、④事業承継等に取り組む場合、その経費を政府が提供する。

また、武器輸出先の国から性能や仕様の変更・調整を求められた企業に対して、政府が助成金を交付する。そのための基金を政府予算で新たに設ける。

政府系の金融機関である日本政策金融公庫による資金の融資において優遇する。

事業継続が困難となった企業の製造施設・設備を国有化し、別の企業に生産委託をする。設備投資や維持管理の費用は国が負担する。戦前・戦中の工廠(国営軍需工場)の復活ともいえる国有化制度だ。

これらは防衛産業の特別扱いにほかならず、軍事優先の国策の一環である。二〇二四年度の政府予算の軍事費(防衛費)の総額は、過去最高の七兆九四九六億円(米軍再編関係経費などもふくむ)で、そのうち「防衛生産基盤の強化」に約九二〇億円が計上された。「防衛力抜本的強化の進捗と予算　令和6年度予算の概要」(防衛省、二〇二三年一二月)によると、主な使途は次のとおりだ。

①原料・部品のサプライチェーン(供給網)の強靭化(供給源の多様化、安定的に調達できる部品に切り替えるための研究開発など)に一〇億円、サプライチェーン調査結果のデータベース化等に一〇億円、②製造工程の効率化(3Dプリンターや AI など先進技術の導入促進)に一〇一億円、③サイバーセキュリティの強化(防衛省との契約企業と下請け企業の総合的・一体的なサイバーセキュリティ対策の促進)に八六億円、④事業承継等(継続が困難な防衛生産事業からの撤退に際し、円滑な事業承継を促進)に五四億円。

官民一体の「防衛装備移転」=武器輸出の促進用(武器輸出先の国から性能や仕様の変更・調整を求められた企業への助成)の基金への補助金に四〇〇億円、「防衛装備移転」の実現可能性調査に二億円、国際装備(武器)展示会への出展に三億円。

陸上自衛隊の木更津駐屯地での自衛隊と米軍のオスプレイの定期的な機体整備用の格納庫などの整備に一九億円。

また「研究開発」費として、新兵器などの研究開発を目的とする防衛イノベーション（科学）技術研究所の創設、大学などへの技術研究の委託、新型ミサイルや無人水陸両用車など新兵器の研究開発に約八二二五億円が計上された。そこには、次期戦闘機の国際共同開発を推進するため、機体などの基本設計やエンジンの詳細設計などに使う六四〇億円も盛り込まれている。

「安保三文書」による大軍拡が続く限り、軍需産業への大盤振る舞いともいえる財政支援は、拡大こそすれ、縮小されず、歯止めのきかない既得権益と化すだろう。日本版軍産学複合体を生み出す温床ともいえる。二〇二五年度予算案でも、「防衛生産基盤の強化」に約九九六億円、「研究開発」に約六三八七億円が計上されている。

ミサイル特需と軍需産業の利益拡大

大軍拡の目玉である敵基地・敵国攻撃能力を持つ長射程ミサイルの開発・量産・輸入の費用は、二〇二四年度政府予算で「スタンド・オフ防衛能力」用として約七一二七億円が計上された。

射程を約二〇〇キロから約一〇〇〇キロに延ばす一二式地対艦誘導弾能力向上型、射程二〇〇〜三〇〇〇キロの島嶼防衛用高速滑空弾と極超音速誘導弾、射程一〇〇〇キロ超の新地対艦・地対地精密誘導弾などの開発・量産、F15戦闘機搭載の空対地誘導弾(射程約九〇〇キロのアメリカ製JASSM)とF35戦闘機搭載の空対艦誘導弾(射程約五〇〇キロのノルウェー製JSM)の輸入などに充てられる。「スタンド・オフ防衛能力」の二〇二五年度予算案は、約九三九〇億円と大幅に増えている。

米軍と自衛隊が事実上一体となり、ミサイル迎撃と敵基地攻撃を組み合わせる「統合防空ミサイル防衛能力」(巨大イージス・システム搭載艦二隻の建造、各種迎撃用誘導弾の開発など)にも、約一兆二二八四億円が計上された。なお二五年度予算案では約五三三一億円である。

このような多種類のミサイルの開発・量産は、「ミサイル特需」とも呼ばれる莫大な利益を軍需産業にもたらしている。三菱重工は一二式地対艦誘導弾能力向上型、島嶼防衛用高速滑空弾、極超音速誘導弾、潜水艦発射型誘導弾の開発・量産を一手に引き受けて受注した。二〇二三年四月には防衛省と総額三七八一億円の契約(二三〜二七年度の五年契約)を結んだ。株価も上昇している。

これまで三菱重工はミサイルのほかにも戦車、戦闘機、護衛艦、潜水艦、ヘリコプターなど多岐にわたる武器の製造を受注してきた。防衛省との契約額で国内企業としては常にトップの座を占める最大手である。

ミサイル関連の契約を中心に三菱重工の二〇二三年度上半期の航空・防衛・宇宙事業の受注高は、前年の約五倍で過去最高の九九九四億円。川崎重工も二三年度の防衛事業の受注高見通しが、前年の二倍強の約四六〇〇億円とされた。NECも防衛・航空宇宙事業の二三年度上半期の受注高が前年より四〇パーセント増えた。受注の増加を受けて、人員や設備投資を増やす動きもみられ、三菱電機は防衛・宇宙事業の人員を一〇〇〇人増やし、約七〇〇億円の設備投資もおこなうと発表した(『朝日新聞』二〇二三年一一月一四日朝刊)。

三菱重工はさらに、二〇二四~二六年度の防衛事業の年間売り上げ高が、一兆円規模に倍増する見通しを示し、事業規模の急拡大と増産に備えて、現在六〇〇〇~七〇〇〇人の防衛事業の人員を二~三割増やす意向も明らかにした(『朝日新聞』二〇二三年一一月二三日朝刊・二四年五月一〇日朝刊)。

そうした見通しを裏づけるように、防衛省の二〇二三年度の中央調達(自衛隊の武器や燃料などの購入)において、三菱重工の契約額は長射程ミサイルの大量受注を中心に一兆六八〇三億円と激増し、前年度契約額の約四・六倍にも達した。FMS(対外有償軍事援助)方式でアメリカ政府が契約先となるアメリカ企業製の武器輸入の契約額一兆三六八六億円(前年度比約三・七倍)を抜いて第一位となった。以下、川崎重工三八八六億円(同約二・三倍)、日本電気二九五四億円

(同約三・六倍)と、のきなみ契約額を大幅に増やしている(同約三・一倍)、三菱電機二六八五億円(『しんぶん赤旗』二〇二四年七月一一日)。

防衛省設置の有識者会議に三菱重工会長が

「安保三文書」にもとづく軍事費の膨張が、日本とアメリカの軍需産業(兵器製造企業)に莫大な利益をもたらしている。前出の武器取引反対ネットワークの杉原代表はこのような利益構造をきびしく批判する。

「大軍拡予算で巨額の国費、元は私たちの税金が軍需企業を肥え太らせるために、際限なく投入されているのです。しかも軍拡政策を推進するために防衛省が設置した「防衛力の抜本的強化に関する有識者会議」(以下、有識者会議)のメンバーに、軍需企業最大手の三菱重工の宮永俊一会長が選ばれています。大軍拡で利益を得る当事者が、さらに利益を増やして自分たちが儲かるような政策の、なんと旗振り役をつとめるわけで、けっして許されないことです」

この有識者会議は「安保三文書」の「国家防衛戦略」に、「戦略的・機動的な防衛政策の企画立案」の「機能を抜本的に強化していく」ため、「有識者から政策的な助言を得るための会議体を設置する」と明記されたことにもとづき、二〇二四年二月に設けられた。メンバーは財界人、学者、元防衛大臣、元防衛事務次官、前自衛隊統合幕僚長、元駐米大使ら一七人。民間企業からは、座長として榊原定征《さかきばらさだゆき》経団連名誉会長、澤田純NTT会長、山口寿一読売新聞グループ本社社長、そして三菱重工の宮永俊一会長の四人が選ばれた。

二〇二四年二月一九日に開かれた有識者会議の初会合では、榊原座長が「円安や物価高などを踏まえ、防衛費のさらなる増額を検討するよう提起した」という(『東京新聞』二〇二四年三月五日朝刊)。

岸田政権は「安保三文書」にもとづき、二〇二三〜二七年度の五年間の軍事費(防衛費)を計四三兆円ほどに増やす方針で大軍拡を進めたが、前出の榊原座長の問題提起は、それでは足りないということだ。有識者会議での議論が「防衛費のさらなる増額」の方向で進むことが予想される。それは今後の防衛政策に影響を与え、結果的に軍事費の止めどない膨張につながってゆくのではないか。

そのような影響力を持つ、防衛省お抱えの有識者会議の委員に、防衛省の取引先企業で契約高ランキング一位の業界最大手の会長が就任した。防衛省とは発注・受注の密接な利害関係があり、防衛省・自衛隊からの天下りも受け入れている軍需業界の、いわば代表的存在として選ばれたのではとみられても仕方ない。

二〇二四年五月八日の参議院本会議で、木原防衛大臣(当時、以下同)は山添拓《やまぞえたく》参院議員(共産党)の質問に対する答弁で、防衛省と三菱重工の契約の総額が過去一〇年間で約四兆四八〇〇億円にものぼることを明らかにした。また、同社とともに次期戦闘機の日本・イギリス・イタリア共同開発に参加する、三菱電機の過去一〇年間の総合契約高は約一兆一〇〇〇億円で、同じくＩＨＩは約四九〇〇億円であると述べた(『しんぶん赤旗』二〇二四年五月九日)。

さらに、山添議員が過去一〇年間で防衛省・自衛隊から前出の三社にそれぞれ天下りした人数を質したところ、木原防衛大臣は「三菱重工に二六人、ＩＨＩに二〇人、三菱電機に三八人」と答えた。山添議員は、三菱重工による自民党の政治資金団体(一般財団法人「国民政治協会」)への政治献金額が、過去一〇年間で三億三〇〇〇万円(毎年三三〇〇万円)にのぼることを指摘し、自民党への多額の献金と防衛省・自衛隊からの天下り受け入れが、その何倍もの受注となって三菱重工側に還流していると批判した(同前)。

なお自民党への政治献金と防衛省・自衛隊からの天下り受け入れは、三菱重工以外にも多くの軍需企業がおこなっている。たとえば二〇一四〜二〇二三年度の防衛省の中央調達契約額で、三菱重工(四兆四八四三億円)に次ぐ第二位の川崎重工(一兆九七二四億円)の献金額(一三〜二二年)は二九五〇万円で天下り人数が二九人である。以下、同じように、第三位の日本電気(一兆一一三七億円)は一億五三〇〇万円と四二人、第四位の三菱電機(一兆五八一億円)は一億九一〇〇万円と三七人、第五位の富士通(七五六四億円)は一億四八〇〇万円と二一人である(『しんぶん赤旗』二〇二四年八月一四日)。

防衛省が設置した有識者会議は、防衛事務次官通達を設置の根拠法令とし、公的な性格を持つ組織だ。同省の担当部局は防衛政策局防衛政策課である。その有識者会議の委員に利害関係者にあたる業界最大手企業の会長が任命されるのは、常識的にみても不透明な人選である。官民癒着の疑いを持たれても仕方ない。前出の杉原代表はこの問題の本質をこう説き明かす。

「「安保三文書」の大軍拡路線のもと、倫理的な縛りもなくなって、軍事費拡大で軍需企業に利益を与えることが国益でもあるという政策がまかり通っています。軍需産業を一定の成長産業として立て直していく、儲けさせていくことが国益に通ずるという狙いが露骨に表れています。軍産学複合体の形成の危うい兆しといえるでしょう」

軍事優先の国策が「ミサイル特需」を生み、さらに経済政策の方向性にまで浸透し、軍事と経済の不透明な絡み合いをつくりだそうとしている。

膨れ上がる兵器ローン

前述のように二〇二四年度予算の軍事費の総額は、七兆九四九六億円で前年度より一兆一一七七億円も増えた。一〇年前の一四年度予算では四兆八八〇〇億円だったのが、年々増額し、一〇年続けて過去最高を更新した。二五年度予算案では、八兆七〇〇五億円にも達している。

軍事費の膨張ぶりは際立っている。岸田政権が「安保三文書」による大軍拡のため、二〇二三〜二七年度の五年間の軍事費を計四三兆円ほどに増やすと決めてから、急増が続く。その背後には、アメリカから日本に対する軍事費の対GDP（国内総生産）比二パーセント以上への増額要求がある。対GDP比二パーセントにまで達したら年間の軍事費は一一兆円を超え、日本はアメリカ、中国に次ぐ世界第三位の軍事費大国となる。

この軍事費膨張の根本には、アメリカからの要求、事実上の外圧があり、岸田政権がそれに呼応したことは、たとえばバイデン大統領の発言からも察しがつく。二〇二三年六月二〇日、バイデン大統領（当時）はカリフォルニア州で開かれた支持者向けの集会で、こう話していた。

「日本は長期にわたり軍事費を増やしてこなかったが、私は日本の指導者に、広島（G7広島サミット）を含めて三回会い、彼（岸田首相）を説得した。彼もそうすべきだと確信し、日本は急激に軍事費を増やした」（『しんぶん赤旗』二〇二三年六月二三日）。

アメリカの意向にそって右肩上がりの軍事費だが、アメリカ製武器の「爆買い」などで増大

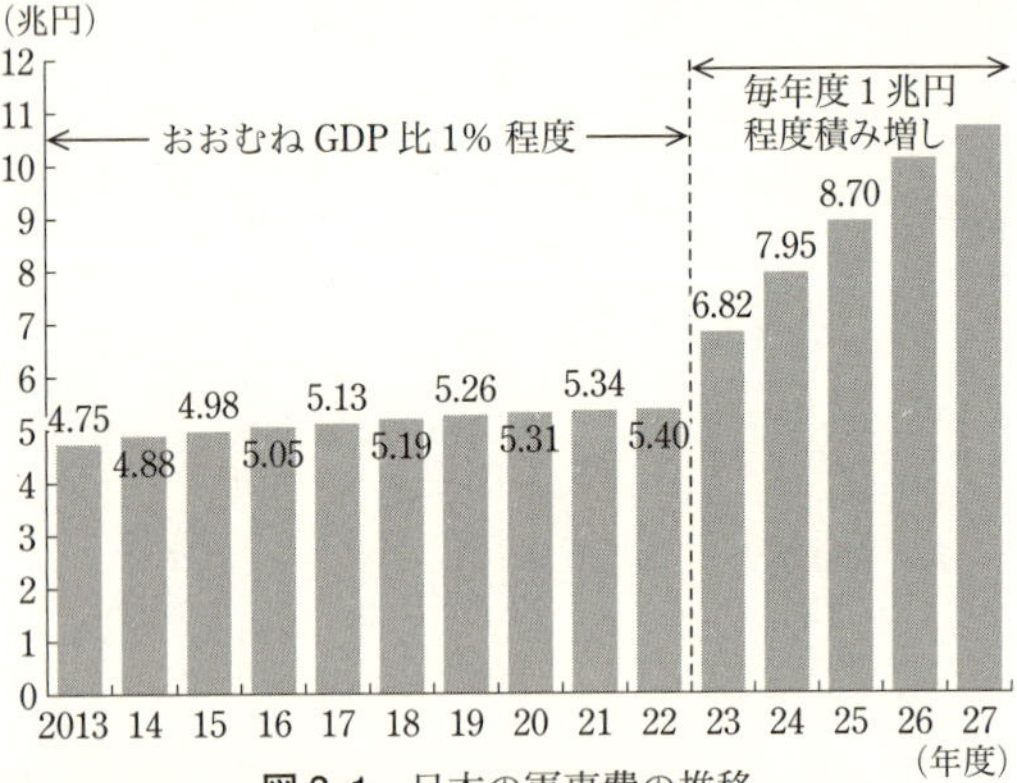

図 3-1　日本の軍事費の推移

注：米軍再編関係の経費などをふくむ．2025 年度は概算要求．26，27 年度は毎年度 1 兆円程度積み増し(5 年間で 43 兆円程度)した場合．
出所：『防衛白書』令和 6 年版，『しんぶん赤旗』オンライン版，2022 年 10 月 13 日付などをもとに作成．

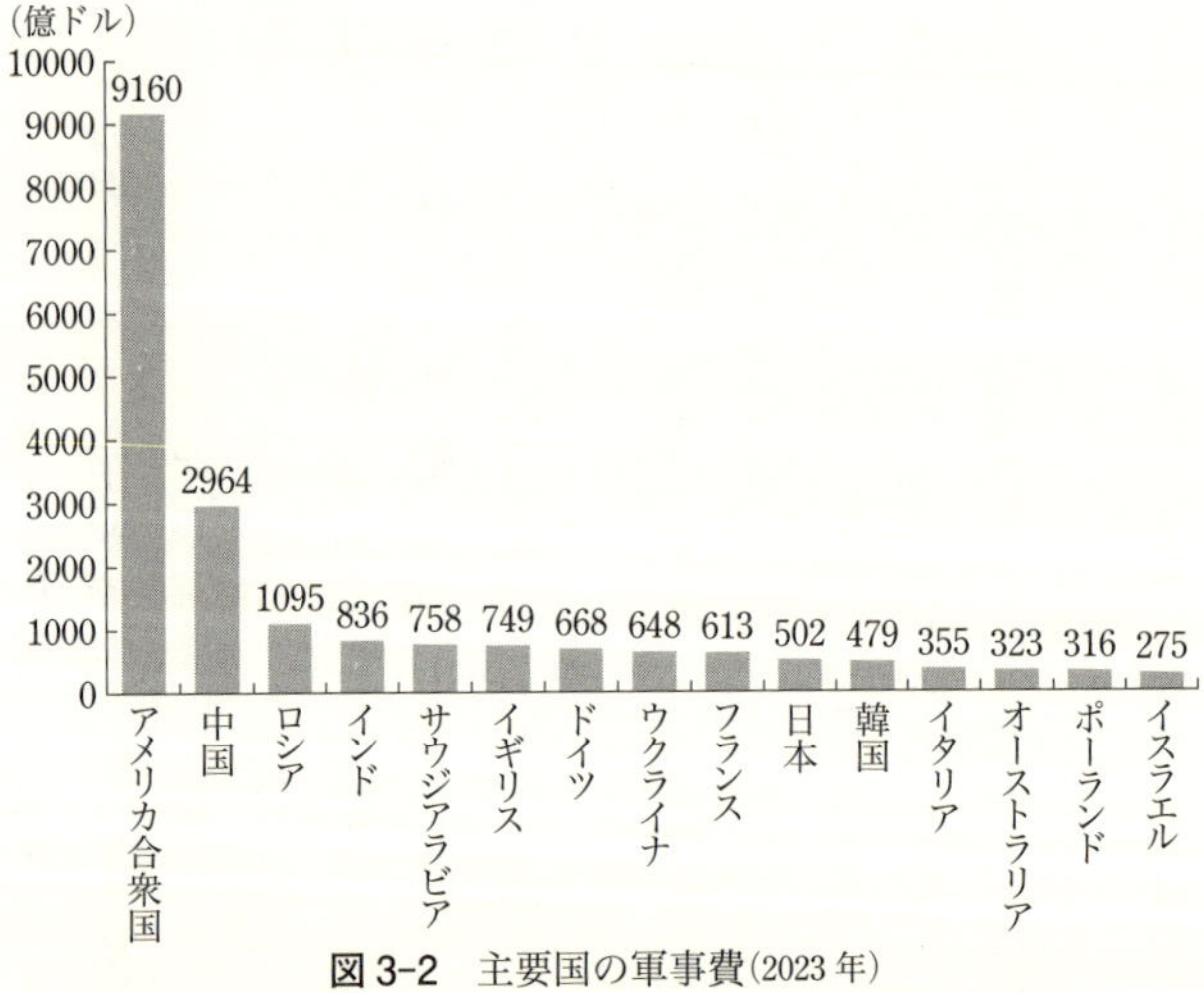

図 3-2　主要国の軍事費(2023 年)

注：米ドル換算で軍事費上位 15 位．中国，ロシア，サウジアラビアは推定値．
出所：SIPRI, 'TRENDS IN WORLD MILITARY EXPENDITURE, 2023' などをもとに作成．

する一途の「後年度負担」(複数年度で代金を分割払い)、いわゆる「兵器ローン」の重荷と記録的な円安の影響で、五年間で四三兆円という枠には収まりそうにない。

二〇二四年度予算では七兆九四九六億円だが、ほぼ等しい額で過去最高の七兆九〇七六億円が、二四年度に契約する新規「後年度負担」となる。二三年度以前のものと合わせた「兵器ローン」の残高は、二二年度に比べ二・四倍強の過去最高の約一四兆二〇〇〇億円に膨らむ。

二〇二四年度予算の半分近い三兆九四八〇億円(前年度よりも約一兆三〇〇〇億円増加)は、過去の「兵器ローン」の支払いに充てられる。残る分の半分以上は人件費・糧食費向けで減らしにくく、「兵器ローン」の支払い増加が今後も「防衛費」全体を増やす要因となる(『東京新聞』二〇二四年三月二九日朝刊)。

「兵器ローン」を押し上げるのが、巡航ミサイル「トマホーク」四〇〇発を約二五四〇億円で購入するなど、高価なアメリカ製武器の「爆買い」だ。アメリカ政府が兵器製造企業の代わりに武器輸出の窓口となるFMS(対外有償軍事援助)方式の輸入である。アメリカ側が一方的に価格も納期も決め、代金も原則前払いとなっている。アメリカ側にきわめて有利な仕組みだ。二〇二四年度のFMS契約額は九三二〇億円に達し、そのうち新規「後年度負担」が八一五六億円にもなる(『しんぶん赤旗』二〇二四年二月二四日)。

政府は二〇二三〜二七年度の防衛費の規模を四三兆円としているが、それ以外に、期間中の新規契約「兵器ローン」のうち二八年度以降の支払い分となる一六兆五〇〇〇億円が加わるため、実際は六〇兆円近くに膨れ上がるといわれる(『東京新聞』二〇二二年一二月三一日朝刊)。

さらに円安や資材の高騰で、潜水艦、輸送ヘリ、輸送機、哨戒機、戦車などの価格が二〇一九〜二二年度の平均価格の約一・五倍に跳ね上がった。経済官庁の幹部は「このままでは四三兆円の枠を超える」と漏らしている(『朝日新聞』二〇二四年四月九日朝刊)。

財政民主主義に反する軍事費の特別扱い

自・公政権は軍事費増大の財源として、①政府の歳出改革(他の部門の歳出削減)、②決算剰余金の活用(補正予算の財源流用)、③防衛力強化資金(外国為替資金特別会計の繰り入れ、国立病院機構・地域医療機能推進機構の積立金の国庫返納、国有財産[大手町プレイス]の売却などの税外収入)、④増税(東日本大震災の復興特別所得税の流用、タバコ税や法人税の増税)を挙げた。

このうち不人気な増税は当面先送りの方針とされていたが、二〇二四年一二月一三日、政府・与党はタバコ税と法人税の増税を先行させ、二六年四月から実施することを決めた。復興特別所得税を一パーセント分差し引く代わりに、所得税額に一パーセント分加える防衛特別所得税(仮称)はさらに先送りとなった。

防衛力強化資金は二〇二三年六月に制定された防衛財源確保法で新設されたもので、防衛省が税外収入を複数年度にわたりプールして使える。しかし本来、政府予算は憲法第八六条「内閣は、毎会計年度の予算を作成し、国会に提出して、その審議を受け議決を経なければならない」にもとづき、毎会計年度ごとに国会審議を通じて成立させるものだ。

この憲法第八六条にもとづく政府予算の「単年度主義」すなわち財政民主主義に、同資金は反している。軍事費を特別扱いする憲法違反の仕組みといえる。戦前・戦中の止めどない軍事費膨張と侵略戦争の戦費を支えた臨時軍事費特別会計(開戦から終戦までを一会計年度扱い)のように、軍事優先の仕掛けである。

しかも本来は、老朽化した病院の建て替え・改修と医療機器の更新、医療従事者の人員補充と処遇改善、感染症流行への備えなど、地域医療の充実に用いるべき国立病院機構(NHO)と地域医療機能推進機構(JCHO)の積立金(それぞれ四二二億円、三二四億円)までも流用する。

税外収入は積立金の国庫返納や国有財産の売却など一度限りの場合が多く、財源として不安定だ。「安保三文書」による大軍拡の目標達成時期は、閣議決定の一〇年後の二〇三二年度とされるが、そこで止まる保証はない。

このままでは、安定的な恒久財源確保の名目で消費税も対象にふくみえる各種の増税、歳出改革という名の社会保障費や教育費などの抑制・削減、国債の濫発など、国民負担の増大が待ち受けている。

軍事費大増額のための国債濫発の兆しはすでに表れている。岸田政権は二〇二三年度予算に自衛隊施設の整備や艦船の建造などの経費として、建設国債四三四三億円を計上した。戦後初めて軍事費（防衛費）に国債を発行して充てるという財政上の大転換をおこなったのである。

それまで政府は、「戦前に戦時国債を発行して軍事費を膨張させた反省」から、戦後は建設国債を防衛費に充てない方針を保ってきた。しかし、それがくつがえされた。艦船以外の「防衛装備品にも対象が広がれば防衛費の無秩序な拡大につながる恐れ」がある（『朝日新聞』二〇二二年一二月二三日朝刊）。

さらに岸田政権は二〇二四年度予算にも、防衛費に充てる建設国債五一一七億円の発行を盛り込んだ。前年度より七七四億円も増やした。「防衛力強化を段階的に進めるなかで、国債の対象となる施設整備費や艦船建造費が増えたため」と財務省は説明している。東京大学の石川健治教授（憲法学）は「歴史を見ると、戦費を容易に調達できる国家が戦争をしてきた。戦力の不保持を定める憲法（第九条）の規定は、何よりも財政面から侵略戦争の放棄を実効化するためだった。財政法が公共事業などへの投資以外の借金を禁じたのは、この精神を反映したものだ。〔中略〕岸田政権は一線を越えた印象がある」と批判している（『朝日新聞』二〇二四年五月七日朝刊）。

国債すなわち国の借金で軍事費をまかなうことが続けば、当然、軍事費膨張と大軍拡に歯止めがきかなくなる。

軍事費が社会保障を圧迫

「いま日本社会に必要なのは、軍事費の拡大ではなく社会保障の拡充です。多くの労働者の実質賃金が低迷し、物価高騰が国民生活を直撃しています。大企業や富裕層の優遇税制を進め、大型開発や軍事費に莫大な税金をそそぎこむ一方で、国民健康保険料や介護保険料は国庫負担の削減などで値上げが続いています。税負担額と社会保障負担額の合計である国民負担率は四六・八パーセント（二〇二三年度見通し）にも達します。後期高齢者医療費の窓口二割負担は受診抑制を招き、マクロ経済スライドで年金支給額は減らされ、生活保護費も削減されるなど、国民生活は負担を強いられています。二〇一二年の第二次安倍政権から続く一一年間で、軍事費は増える一方、社会保障予算は自然増分をふくめて五兆円以上が削減されました」

こう訴えるのは、中央社会保障推進協議会（以下、中央社保協）の林信悟事務局長だ。

中央社保協は労働組合、医療・福祉関連の諸団体、女性団体などから成る。社会保障制度の改善を目指す共同の運動組織で、一九五八年に発足した。全国各地で社会保障の拡充を求める請願署名集め、行政機関への陳情などに取り組んでいる。

憲法第二五条の「すべて国民は、健康で文化的な最低限度の生活を営む権利を有する。／国は、すべての生活部面について、社会福祉、社会保障及び公衆衛生の向上及び増進に努めなければならない」にもとづく、「国民の生存権、国の社会保障的義務」という規定を運動の立脚点としている。

「社会保障は、国民生活の安定と向上、社会全体で低所得者の生活を支える所得再分配の機能を持ち、その拡充は結果的に国民の消費拡大もうながし、国内経済の好循環にもつながります。税制の応能負担の原則にもとづいて、大企業・富裕層に応分の負担を求める課税強化により所得再分配を進めるべきです。それが日本経済を回すアクセルにもなります」（林事務局長）

軍事優先のままでは、憲法が保障する生存権・社会保障は圧迫、侵害されるばかりだ。二〇一二年の第二次安倍政権以来、集団的自衛権の行使容認、特定秘密保護法や安保法制や土地利用規制法の制定、共謀罪の新設、「安保三文書」による大軍拡と軍事費増額、武器輸出解禁など、米日軍事一体化と軍事大国化を自・公政権は進めてきた。

同時に社会保障を企業活動の足かせとも見なし、自己責任論を振りまく新自由主義路線により、年金・生活保護・国民健康保険・介護保険・医療などの分野で給付削減や自己負担増、国庫負担率の減額なども進めた。憲法第九条が体現する平和主義の理念と憲法第二五条にもとづく生存権が、パラレルで侵害されてきたのである。

中央社保協の原点は「大軍拡とのたたかいです」と林事務局長は強調し、次のように述べる。

それは、日米安保条約との関連で一九五四年に締結された、日米相互防衛援助協定（ＭＳＡ協定またはＭＤＡ協定ともいい、日本の防衛力増強を義務づけた）がきっかけだった。

「当時の吉田茂政権はアメリカからの軍拡要請に屈して、社会保障予算の大幅削減を打ち出しました。「生活保護費の国庫負担率を八割から五割に削減」「日雇い健保給付費の国庫負担を認めない」「保育所の援護率の引き上げを認めない」「公立病院整備補助金の全額削除」などです。それに対して反対運動が巻き起こり、一九五八年には中央社保協が結成されました。反対運動の高まりによって当時の厚生大臣を辞任に追い込み、社会保障削減予算を撤回させました」

林事務局長はこのような事例をもとに、「軍事費が増やされると社会保障費が削られるのは、歴史が示しています」と言い、こう締めくくった。

「憲法の第九条と第二五条はいわば車の両輪で、平和と国民生活の安定を支えるものです。軍拡のために社会保障費を削るのではなく、逆に軍事費を削り、ミサイルよりケアの充実の道を選択すべきです」

生活保護費の削減と生存権の侵害

第二次安倍政権以来進んだ生存権侵害の象徴的な例が、生活保護費のうち食費・水道光熱費などに充てる生活扶助費の基準額を、二〇一三年から三回に分けて平均六・五パーセント、最大一〇パーセント引き下げた、前例なき大幅削減(計六七〇億円)である。自民党が一二年末の総選挙で政権復帰する際、生活保護バッシングを煽り、生活保護費一〇パーセント削減を公約にしたのがきっかけだった。

「食費や水道光熱費など何でも節約しています。衣類も二〇年以上前の物がほとんどで、クーラーも壊れたままです。テレビは寿命で時どき見られなくなりますが、買い替える余裕はありません」とぎりぎりの生活を語るのは、生活保護利用者で東京の都営住宅に住む九八歳の女性、八木明《めい》さんだ。

八木さんは法律事務所の事務、不動産の営業、清掃などの仕事を七三歳まで続けたが、病気で寝たきりになった夫の入院・介護が大変で仕事をやめざるをえなかった。国民年金だけでは生活できず、二〇〇〇年九月から生活保護を受給し始めた。夫は〇五年に八一歳で亡くなった。いま毎月の生活扶助費は五万円前後だ。二〇一三年からの削減で一万七〇〇〇円ほど減った。住宅扶助費は二万円弱である。同居する七四歳の長女が病気がちながら、短時間のビル清掃のパートで生計をわずかに補っている。

一九二六（大正一五）年生まれの八木さんは、「戦争で青春などなかった世代」で、「戦後も体の許す限り働いた」末に、「高齢になり、夫の介護も重なり、やむをえず生活保護を受給」した。「誰もが病気やけが、失業などさまざまな事情で生活保護を受けることになるかもしれない」のだから、「生活保護は憲法第二五条（生存権）にもとづく国民の大切な権利だと知ってほしい」という。

しかし、政府は生活保護費の大幅削減という生活保護基準引き下げ（以下、基準引き下げ）をおこなった。それは生活保護利用者にさらなる節約と辛抱を強いるだけにとどまらない。誰もが予期せぬ事情で貧困におちいり、「最後のセーフティネット」といわれる生活保護に頼らざるをえなくなる可能性がある以上、けっして限られた一部の当事者だけの問題ではないのである。

加速する高齢化、非正規雇用の拡大、深刻なコロナ禍、物価高騰などによる生活苦がひろがり、厚生労働省の発表では、生活保護申請は四年連続で増え続け、二〇二三年は前年比七・六パーセント増の二五万五〇七九件に達した。生活保護利用世帯は二三年末で過去最多の一六五万三七七八世帯にのぼった(二四年八月の時点では一六五万二三八〇世帯)。生活保護申請のサポートなど生活困窮者の支援をおこなう、一般社団法人つくろい東京ファンドの稲葉剛代表理事は、こうした現状について次のように述べる。

「新宿や池袋で支援団体の炊き出し・食料配布に並ぶ人たちが、コロナ禍以前は百数十人だったのが、最近は六〇〇~七〇〇人と増えています。ホームレスの人だけでなく、仕事があっても低賃金で生活が苦しい、家賃を払うためには食費を削るしかない、生活保護費が削られて大変といったケースが目立ちます。高齢者から若年層まで、外国籍の人もふくめて、貧困・生活困窮の多様化と日常化が進んでいるのです」

そして、岸田政権下で進められた「軍事費を優先し、政府予算のなかで聖域化する」動きを批判し、「社会保障費の重視こそが必要」だと力説する。

「生活困窮者の支援に取り組む私たちが、生活保護など社会保障の拡充を訴えると、政府・与党からは財源論が持ち出されます。少子高齢化が進み、財源も限られているなか、膨らんでいく社会保障費は抑制しなければいけないというものです。ところが、岸田政権は軍事費の拡大ありきで、財源論はまったく後回しにして、軍拡に突っ走りました。兵器産業への助成金など財政支援にも力を入れてきました。財源が限られているという従来の財源論とは矛盾した動きです。政府予算の優先順位が軍事に偏っているのです。ですからその偏りを改め、所得税の応能負担や資産課税の強化、大企業の内部留保への課税などで、社会保障拡充の財源は十分生み出せるはずなんです」

いのちのとりで裁判

前出の八木さんは生活保護の基準引き下げに対し、「厚生労働省は底辺の人間のことを考えていない。財政削減のために、どうして底辺で暮らす人間に負担を押しつけるのか。国のすることだからと、黙って受け身のままではいられない」との思いを強め、二〇一八年五月一四日、同じ思いの都内の生活保護利用者らとともに計三九人（追加一八人）で、基準引き下げは生存権を保障した憲法第二五条と生活保護法に違反するとして、東京地裁に提訴した。生活保護の実施機関にあたる都内の原告ら居住の各自治体と国を相手取り、生活保護費の減額処分の取り消しと国家賠償を求めた。その「新生存権裁判東京」の原告団長に八木さんはなった。

同様の裁判は二〇一四年から二九都道府県で三一件、計一〇〇〇人を超える生活保護利用者が原告となっておこなわれている。生活保護は「最後のセーフティネット、砦《とりで》」であることから、「いのちのとりで裁判」と総称される。

二〇二四年一二月の時点で、原告側の勝訴判決が地裁で一八件・高裁で一件（減額処分取り消しだけでなく国家賠償まで認めたのは、二三年一一月の名古屋高裁のみ）、敗訴判決が地裁で一一件・高裁で三件出ている。

原告勝訴の判決では概ね次のような判断を下している。裁判で争点となった、国が基準引き下げの理由として挙げた「デフレ調整」（物価指数の下落率と生活扶助費の減額率を連動させる措置）をめぐるものだ。

①厚生労働省が物価下落の算定に用いた「生活扶助相当CPI」なる消費者物価指数は、生活保護基準部会（同省が設置し、学識者の委員が生活保護基準について検討する）の専門家などの検証も経ていない同省独自のもので、「学術的な裏づけ」がない。

②物価指数の下落率算出に際して、二〇〇八～一一年の物価下落分だけを反映させ、〇七～〇八年の物価上昇を考慮していない。

③同じく下落率算出において、テレビ・パソコンなど生活保護世帯の購入率が一般世帯より

もはるかに低い品目の価格下落が特に影響するように計算している。そのため「生活保護受給世帯の消費実態」とかけ離れ、「統計等の客観的な数値との合理的関連性及び専門的知見との整合性」を欠く。

このような「著しく合理性を欠く」基準引き下げは、厚生労働大臣の「裁量権の範囲を逸脱」し「濫用するもの」で、「生活保護法に反しており違法」である。

「物価偽装、統計不正」ともいわれるこの「デフレ調整」について、「厚生労働省が自民党の生活保護費一〇パーセント削減の公約に何が何でもつじつまを合わせようと数字をいじった結果だ」と批判するのは、「新生存権裁判東京」弁護団の渕上隆《ふちがみたかし》弁護士だ。

「二〇二四年二月の三重県津地裁の原告勝訴判決は、基準引き下げの背景に「自民党の選挙公約への忖度《そんたく》があったと推認できる」とし、厚生労働大臣が専門的知見を度外視して、「政治的方針を実現しようとしたもの」と批判しました。憲法の生存権にもとづく生活保護の基準設定に、専門的知見を無視した政治的判断を持ち込んではならないのです。「いのちのとりで裁判」は、権利としての生活保護・社会保障という意識を日本社会に少しずつでも浸透させていくと思います」(渕上弁護士)

一方、原告敗訴の判決は、「生活保護の基準設定に関して厚生労働大臣には広範な裁量権があるため、基準引き下げは適法である」という旨の国側の主張を認めて、訴えを退けている。

セーフティネットの大切さ

二〇二四年三月一二日、「いのちのとりで裁判」のひとつ「生活保護基準引き下げ違憲東京国賠訴訟」(二二年に東京地裁で勝訴)の東京高裁での控訴審第一回口頭弁論が開かれた。弁護団の宇都宮健児弁護士は「生活保護は最後の命綱であると同時に、その基準は住民税非課税・国民健康保険料減免・介護保険料減額などさまざまな制度にも連動しており、基準引き下げは社会保障の根幹を揺るがす」と強調した。

生活保護基準はほかにも最低賃金・保育料減免・就学援助・高額医療費自己負担限度額・介護保険自己負担限度額・障害者福祉サービス自己負担限度額・難病患者の医療費減免・公営住宅家賃減免など、労働、税金、教育、医療、介護、福祉、住宅など各分野のおよそ四七の制度の基準に連動している。

そのため、基準引き下げの影響で自己負担増や制度の利用停止などもありえる。厚生労働省は他の制度に影響が及ばないように努めるとしているが、過去に就学援助の対象世帯の範囲が狭められたケースもある。生活保護の基準引き下げは実に社会的に広く影響を及ぼすのである。

けっして生活保護利用者に限られた問題ではない。生活保護基準はまさにナショナルミニマム（国民の生存権保障水準）として位置づけられる重要性を持つ。

同訴訟の原告で傍聴に来ていた五二歳の男性は、「このように生活保護は決して他人事ではないとわかってほしい」と話す。以前、契約社員という「安く使われて不安定な立場」で、いつも立ちっぱなしの警備員の仕事を続けていたが、心身の不調のため退職せざるをえず、生活保護を受給するようになったという。そして、裁判にかける思いをこう述べる。

東京地裁に向かう新生存権裁判東京の原告団と弁護団と支援者

「非正規雇用を増やして貧困を拡大させ、社会保障費も削ってきた政府・自民党のやり方は、一種の棄民政治だと感じて、それに異議を唱えたくて原告になりました。非正規雇用だと収入が少なく、生活が不安定にならざるをえません。病気や事故などさまざまな事情で生活が行きづまったときのセーフティネットとして、生活保護はとても大事な制度です。社会保障費の削減や増税などで国民生活に負担を強いる一方で、軍事費を増大させることにはやはり反対です」

八木さんが原告団長となっていた「新生存権裁判東京」の判決は二〇二四年六月一三日、東京地裁で言い渡された。原告側の勝訴だった。これまでの「いのちのとりで裁判」の勝訴判決と同じように、前出の厚生労働省による「デフレ調整」には、物価の下落率が「過大に算定された疑義がある」など、「最低生活の需要の認識・測定」に関して「判断の過程および手続きに過誤、欠落がある」ことから、厚生労働大臣の「裁量権の範囲の逸脱または濫用がある」として、基準引き下げは「違法」と判断したのである。なお基準引き下げに対する慰謝料を求めた国家賠償請求は認められなかった。その後、二四年六月二六日、国側は東京高裁に控訴した。

「憲法にもとづく生存権の訴え、道理が通って、本当によかったです。勝訴判決を通じて生活保護は国民の権利だという意識が社会に広まってほしいです。裁判の原告には高齢者も多く、判決を待たずに亡くなった人たちもいます。国はこれ以上裁判で争うことをせずに、基準引き下げを速やかに取り消すべきです」と、八木さんはひと言ひと言かみしめるように語る。

そして、八木さんは戦時中に住んでいた小笠原諸島の父島で空襲に遭い、同級生が死亡するなどした悲惨な戦争体験から、「戦争はもう絶対に嫌です。戦争につながる軍拡のために社会保障費を削ってはいけません」と訴える。

ミサイルかケアの充実か

八木さんが父島で空襲に遭ったのは、一九四四（昭和一九）年六月一五日のことだった。

「当時、私は一八歳で村役場に勤めていましたが、補助看護婦の資格も取らされて、万一の場合は島の陸軍病院に出頭するよう命じられていました。米軍機が襲来したときは、家の庭のはずれに掘ってあったタコツボの中に弟と一緒にうずくまって難を逃れました。それから陸軍病院に行かなければと、町の方に向かう途中、兵隊さんたちと行き合ったんですが、そのとき敵機が飛んできました。道路脇の用水路に飛び込んで避けるように言われたので、用水路の水につかって側壁にぴたっと体を押しつけていたら、近くに爆弾が落ちて、物凄い音がして、爆風を背後に受けましたが、さいわい無事でした」

勝訴判決後の集会で話す新生存権裁判東京の原告の八木明さん

しかし、その直後、八木さんは悲痛な光景を目の当たりにする。

「小学校までたどり着くと、校舎のそばに何十人もの血だらけの兵隊さんたちが横たわっていました。亡くなった人もいましたが、多くは負傷して「痛い、痛い」「水、水」とうめいていたんです。軍医さんから、「ヤカンに水を汲んで飲ませてあげてくれ」と言われ、釣瓶《つるべ》井戸の水を汲みました。水を飲ませていたら、ある兵隊さんが苦しみながらうわごとのように、誰か女の人の名前をしきりに呼ぶんです。奥さんでしょうか、恋人だったのでしょうか。私はどうしていいかわからず、「もうすぐこちらに見えますからね。もう少しがまんしてくださいね」としか言えませんでした。かわいそうで、かわいそうで、涙がぽろぽろこぼれました。亡くなった兵隊さんの口も湿らせてあげるよう軍医さんから言われていたので、そうしましたが、涙がずっと止まりませんでした……」

小学校の同級生だった男性が、勤労動員でタコツボを掘っているときに空襲に遭い、亡くなったことは、後で知らされた。「どんなことがあっても、戦争だけは二度としてはいけない」。その思いを、八木さんは戦後ずっと持ち続けてきたという。

ところが、二〇一二年の安倍政権の復活以降、集団的自衛権の行使容認、安保法制、「安保三文書」による大軍拡・軍事費増大と、日本をふたたび戦争のできる国、戦争をする国に変えようとする動きが強まっている。八木さんの憂いは深まるばかりだ。

そうした動きと並行して、生活保護費の大幅削減をはじめ、年金・生活保護・国民健康保険・介護保険・医療などの分野で給付削減や自己負担増、社会保障予算の抑制・削減が進められてきた。八木さんはそれに異議を唱えて生存権を守る裁判の原告となった。

軍事費膨張のために社会保障費を削減する棄民政治。それは国民に負担と犠牲を強いる戦争への道につながる。そう八木さんは事の本質を見抜いている。

私たちの社会はいま「ミサイルか、ケアの充実か」の岐路に立たされている。

第4章　主体性なき軍拡、主権なき「軍事大国」化

――米戦略への歯止めなき従属

横田基地でホバリング(空中停止)訓練をする米空軍 CV22 オスプレイとフェンス脇の道路を走る自動車

日米首脳会談と米日軍事一体化

岸田政権は、世論がきびしい目をそそぐ自民党裏金問題の解明には背を向けながら、「安保三文書」にもとづく大軍拡にひた走った。アメリカからの軍事費倍増の要求にも忠実だった。「国家安全保障戦略」は次のように、「日米同盟」の全面的な強化を謳い上げている。「日米間の運用の調整、相互運用性の向上、サイバー・宇宙分野等での協力深化、先端技術を取り込む装備・技術面での協力の推進、日米のより高度かつ実践的な共同訓練、〔中略〕共同の情報収集・警戒監視・偵察（ISR）活動、日米の施設（基地）の共同使用の増加」

同じく「国家防衛戦略」は、「我が国の反撃能力については、情報収集を含め、日米共同でその能力をより効果的に発揮する協力態勢を構築する」「日米両国は、その戦略を整合させ、共に目標を優先付けること」により「共同の能力を強化する」と強調している。

敵基地・敵国攻撃能力を「効果的に発揮する」ため、「共に目標を優先付ける」すなわち攻撃目標をともに選定するなど、米軍と自衛隊のより緊密な一体性を目指すというのである。

注目すべきは、米軍が進める「統合防空ミサイル防衛」（IAMD）の導入である。これはミサイル迎撃と敵基地などへのミサイル攻撃を一体的に運用するもので、敵からのミサイル攻撃を

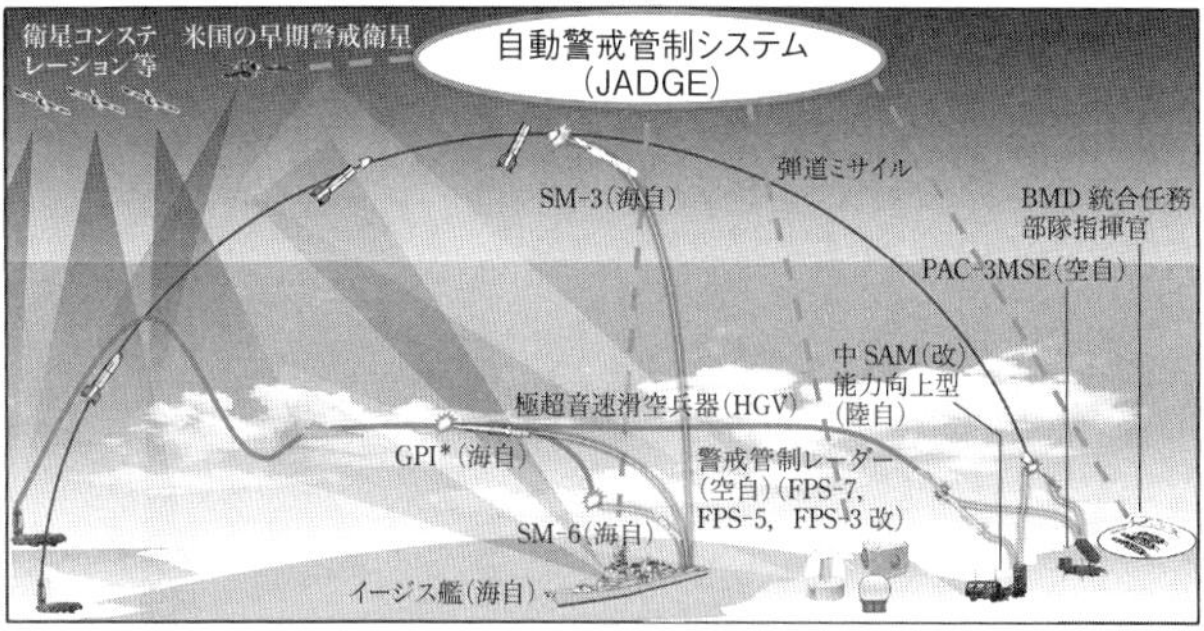

図 4-1　統合防空ミサイル防衛のイメージ図

注：GPI は日米で共同開発を進める極超音速兵器迎撃ミサイル，SAM は地対空ミサイルを指す．
出所：防衛省・自衛隊ホームページ「統合防空ミサイル防衛について」より作成．

未然に防ぐための先制攻撃もふくむ。

　政府は、米軍の「統合防空ミサイル防衛」と自衛隊の「統合防空ミサイル防衛」は別物だと説明している。しかし、自衛隊のミサイルによる敵基地攻撃は、情報収集・警戒監視・偵察などの段階から計画の立案、攻撃目標の割り当て、指揮・統制、火力発揮(攻撃)、攻撃の成果の評価にいたるまで、「日米共同対処」でおこなうことが、防衛省の「反撃能力について」という部内文書には明記されている(布施祐仁『従属の代償——日米軍事一体化の真実』講談社現代新書、二〇二四年)。

　米軍と自衛隊の連携がより強化されることはまちがいない。日米間の情報共有も進むが、「日米共同対処」において、軍事偵察衛星や無人機などの情報収集ネットワークを持つ米軍側が主導権を握るにちがいない。

　結局、敵からのミサイル攻撃を未然に防ぐための先制攻撃もふくむ米軍の「統合防空ミサイル防衛」に、自衛隊も事実上組み込まれることになる。迎撃と攻撃の両面で米日軍事一体化が進む。そうなると、集団的自衛権の行使において事実上、米軍の指揮下で自衛隊も長射程ミサイルでの敵基地・敵国への先制攻撃までおこなうことになりかねない。アメリカの戦争の片棒をかつぐことになる。その戦争に日本を巻き込んでしまう。

二〇二四年四月一〇日(日本時間一一日)にワシントンでおこなわれた岸田首相とバイデン大統領の日米首脳会談は、「同盟強化」の名のもと、米日軍事一体化の推進をあらためて確認した。

「日米首脳共同声明」において、アメリカ側は日本の大軍拡路線すなわち軍事費の対GDP比二パーセントへの増額、「反撃能力」と称する敵基地・敵国攻撃能力の保有、自衛隊の統合作戦司令部の創設などを「歓迎」すると表明した。

軍事費の膨張はもともとアメリカ政府が日本政府に再三求めてきたことである。自衛隊の長射程ミサイルによる敵基地・敵国攻撃能力の保有は、米軍とともに戦争をする集団的自衛権の行使に実効性を持たせる意味がある。アメリカ側が諸手を上げて歓迎するわけだ。

そして米日軍事一体化に、より深く踏み込む方針が打ち出された。日米「指揮・統制」連携の強化である。「日米首脳共同声明」は、自衛隊と米軍の「作戦及び能力のシームレスな統合」

（継ぎ目・切れ目のない統合）と、「平時及び有事における自衛隊と米軍との間の相互運用性及び計画策定の強化を可能」にするため、「二国間でそれぞれの指揮・統制の枠組みを向上させる」としている。

軍事作戦で主導権を握る米軍

この自衛隊と米軍の「シームレスな統合」とは何を意味するのか。継ぎ目・切れ目のない統合である以上、両者が一体となって動くことが求められる。ばらばらに軍事作戦をしては「シームレスな統合」にならない。当然、指揮系統をまとめ、統合することが必要となる。

岸田首相は国会で、「自衛隊のすべての活動は、主権国家たる我が国の主体的判断のもとにあり、「自衛隊と米軍はそれぞれ独立した指揮系統に従って行動する」と説明した（二〇二四年四月二二日、衆議院予算委員会）。

しかし自衛隊と米軍では、米軍のほうが軍事偵察衛星、無人機、電波傍受、諜報《スパイ》活動などによる、情報収集・偵察・監視の各能力で格段に優り、実戦経験も豊富である。米軍が共同軍事作戦で主導権を握り、自衛隊を事実上の指揮下に置くのは目に見えている。トマホークはじめ敵基地・敵国攻撃能力を持つ長射程ミサイルの運用、すなわち攻撃目標の選定や発射のタイミングなどにも、米軍側の情報収集・偵察・監視の各能力に頼らざるをえないのが実情である。「シームレスな統合」の日本側の受け皿となるのが、陸・海・空自衛隊の部隊運用を一元的に指揮するため、二〇二五年三月までに創設される「統合作戦司令部」である。同司令部の創設はすでに「安保三文書」に盛り込まれ、「国家防衛戦略」では「統合司令部」という名称で記されている。

それは以前から「台湾有事を念頭」に、「日米統合運用を進める」ため「米軍との一体性を強化」し、「意思疎通と戦略の擦り合わせ」を目的とする組織になるとみられていた（『日本経済新聞』二〇二二年一〇月三〇日朝刊）。

日米首脳会談での自衛隊の統合作戦司令部創設の合意を受けて、二〇二四年七月二八日に東京で開かれた日米安全保障協議委員会（外務大臣・防衛大臣と国務長官・国防長官による「2プラス2」）では、日米「指揮・統制」連携の強化に向けた方針が確認された。

それは、現在、在日米軍基地の管理の権限だけを持つ在日米軍司令官（東京の横田基地に司令部）に、インド太平洋軍司令官（ハワイに司令部）が有する在日米軍部隊の指揮・統制と作戦計画の権限も持たせるため、インド太平洋軍の下で機能する統合軍司令部として在日米軍司令部を再編成するというものだ。

その統合軍司令部は自衛隊の統合作戦司令部と緊密に連携することになる。在日米軍司令部を自衛隊の統合作戦司令部のカウンターパートナーとして、明確に位置づけ、米軍と自衛隊の「シームレスな統合」を実現するのが狙いである。

自衛隊が米軍の事実上の指揮下に

しかし、「シームレスな統合」の名のもとに自衛隊が米軍の事実上の指揮下に入ることになれば、自衛隊の指揮権という主権の一部をアメリカに差し出すに等しい。米軍の対中国はじめ世界的な軍事戦略に自衛隊が組み込まれ、いわば駒扱いされてしまう危険な道である。アメリカの覇権維持の世界戦略のために、自衛隊員にも血を流すことを強いるものだ。

アメリカ追随が習い性となった日本政府が、有事に際して岸田首相の国会答弁にあったような、「主権国家」たる「主体的判断」ができるとはとうてい思えない。もともと軍事費（防衛費）を対GDP（国内総生産）比二パーセントを目処に増額する大軍拡も、トランプ政権時代のアメリカからの要求に従ってのことだ。それがアメリカの軍需産業を潤す兵器の「爆買い」とそのローン膨張にもつながっている。

さかのぼれば、二〇〇一年の九・一一同時多発テロ事件後の米軍によるアフガニスタンでの戦争と、〇三年からのイラク戦争・占領で、日本政府はアメリカ政府の要求に応じて、自衛隊による米軍への兵站《へいたん》支援（後方支援）をおこなった。

アメリカ側の有無を言わさぬ対日要求ぶりは、当時のブッシュ政権で対日政策に強い影響力を持ち、中心的役割をはたしたリチャード・アーミテージ国務副長官など当時の政府高官らの「ショー・ザ・フラッグ」（日の丸の旗を見せろ）、「ブーツ・オン・ザ・グラウンド」（地上部隊を派遣せよ）といった命令口調の発言からもわかる。

その要求どおり、自衛隊はテロ対策特措法（二〇〇一年）によってインド洋、アラビア海へ、イラク特措法（〇三年）によってイラク、クウェートへ派遣された。海上自衛隊の補給艦はインド洋とアラビア海で、アフガニスタンでの空爆作戦などにも関わる米軍艦隊に燃料を洋上給油した。

自衛隊の補給艦から米軍の補給艦に給油された燃料の一部は、横須賀基地からペルシャ湾に向かう途中の米空母キティホークなど、イラク戦争のために出動した米軍艦隊に間接給油もされた。航空自衛隊の輸送機はクウェートとイラクの間を往復して、武装したアメリカ兵を中心とする多国籍軍兵士を多数運んだ。

とにかく日本政府は過去、ベトナム戦争、アフガニスタンでの戦争、イラク戦争といったアメリカ政府が起こした戦争に反対したことはない。こうした大規模な戦争ではないが、国連総会で非難決議が採択されたアメリカによる中米のグレナダ侵攻やパナマ侵攻にも反対しなかった。仮に台湾有事が起きてアメリカが軍事介入しようとした場合、はたして日本政府は「主体的判断」にもとづいて反対と表明できるだろうか。

イラク戦争の際、アメリカ政府が武力行使の理由に上げた、フセイン政権の大量破壊兵器の脅威も、国際テロ組織アルカイダとの関係も、ブッシュ政権による虚偽の情報操作だったことが後に明らかになった。

しかし、そのような重大な真相が判明したにもかかわらず、日本政府はイラク戦争支持と自衛隊イラク派遣の妥当性をきちんと検証もせず、うやむやにしたままである。アメリカ側の情報をうのみにするばかりで、主体的な情報収集・分析にもとづき「主体的判断」をする姿勢が、もともと日本政府には欠けている。

安保条約を曲解しアメリカの戦争に追随

イラク戦争で在日米軍基地は出撃拠点にもなった。当時、米海軍横須賀基地を母港としていた空母キティホークは、ペルシャ湾に派遣された。空母艦載機のＦＡ18戦闘攻撃機などが、計

横須賀基地からイラク戦争に出撃し，トマホークを発射してきた米軍艦

五三七五回も出撃し、約三九〇トンもの爆弾を投下した。同基地所属の巡洋艦カウペンスと駆逐艦ジョン・S・マケインも、ペルシャ湾から計七〇発のトマホーク巡航ミサイルを発射した。米空軍の三沢基地のF16戦闘機も、クウェートにある基地を拠点にしてイラクを空爆した。沖縄駐留の海兵隊はイラクの都市ファルージャ包囲無差別攻撃に加わった。これら在日米軍の攻撃で、戦闘員だけでなく多くの民間人もふくむイラク人が殺傷された。

米軍が日本に基地(「施設及び区域」)を設けて駐留する法的根拠は、日米安保条約の第六条である。それは、「日本国の安全に寄与し、並びに極東における国際の平和及び安全の維持に寄与する」ために、米軍は「日本国において施設及び区域」を使用できると定めている。

したがって、日本の安全や極東の平和・安全と関係のないイラク戦争に、米軍が在日米軍基地から出撃、出動すること自体がおかしい。安保条約にも違反しているのではないか。私は外務省北米局日米地位協定室に、そう質問したことがある。返ってきた答えは、次のとおりだった。

「米軍部隊が日本の領海や領空を出た後、移動していった先でどんな任務につくか、日本政府は関知しない。日米安保条約にも抵触しない」

アメリカの戦争に反対したことがなく、米軍の自由勝手な基地使用と軍事活動をひたすら容認する日本政府らしい回答である。しかし、日本と極東の範囲を逸脱する在日米軍基地からのイラク戦争への出撃、出動はどう考えても安保条約に反している。日本政府は安保条約を曲解してでも、アメリカの軍事戦略、戦争に追随する姿勢を崩さない。

自衛隊はインド洋派遣・イラク派遣によって米軍への戦争協力を積み重ねた。その延長線上で、自衛隊と米軍の連携はますます強まっている。共同軍事作戦に向けた体制も着々と整備され、米日軍事一体化が進む。

二〇一五年四月の「日米防衛協力のための指針」(日米新ガイドライン)によって、日米共同軍事作戦・戦争計画が具体化された。この「指針」は、集団的自衛権の行使を前提に、アジア・太平洋地域をはじめ地球的規模での「切れ目のない、力強い、柔軟かつ実効的な日米共同の対応」を謳っている。自衛隊による米軍の武器(軍用機や軍艦など)の防護、米軍部隊員の捜索・救助、機雷掃海、後方支援(兵站支援)などを実施するとした。つまり世界中どこでも米軍の戦争に自衛隊が協力する体制づくりが目的なのである。

「日米防衛協力のための指針」の内容を法制度化したのが安保法制だ。安倍政権(当時)は二〇一四年七月、一片の閣議決定によって、集団的自衛権の行使は憲法第九条に違反するという従来の政府見解をくつがえし、集団的自衛権の行使を容認した。強引な解釈改憲だ。それを受けて二〇一五年九月に、安全保障法制関連の二法案を強行成立させた。安保法制は「存立危機事態」「重要影響事態」「国際平和共同対処事態」など、事態という言葉を並べ立てている。

しかし、何が起きたら、どんな状況になれば、それらの事態にあてはまるのか。きわめてあいまいである。時の政権の判断しだいで、どうにでも解釈できる。対米追従の日本政府が、それぞれの事態の認定について、結局、アメリカの判断に従うことになるのは目に見えている。

要するに、従来の専守防衛の原則に背き、アメリカの世界戦略に付き従って、地理的な限定なく、地球上のどこでも、米軍やその主導下の多国籍軍による戦争に自衛隊が協力する、参戦することを可能にしたのである。「平和」どころか、流血の事態につながる「戦争法制」以外の何ものでもない。

日米同盟をアメリカとイギリスの同盟のようなともに戦い〝血を流す〟同盟へと変え、自衛隊を補完戦力として使いたいアメリカの戦略と、それに呼応して軍事大国化を目指す当時の安倍政権の思惑が一致した結果の法制度である。

安倍元首相は著書『この国を守る決意』(安倍晋三・岡崎久彦、扶桑社、二〇〇四年)で、「軍事同盟というのは〝血の同盟〟」だと主張し、日米同盟をそのレベルに高めるためには、「集団的自衛権の行使」ができるようにすべきだと唱えていた。

このような一連の動きの背後に、前出のリチャード・アーミテージ元国務副長官、ジョセフ・ナイ元国防次官補など知日派の日米安保・同盟政策に強い影響力を持つ「ジャパンハンドラー」と呼ばれ、日本を裏で操るともいわれる人物たちの働きかけがあるとみられる。

特に、アメリカの国家安全保障・外交政策が専門のシンクタンク「戦略国際問題研究所」(CSIS)を拠点に、かれらが二〇〇〇～二四年、六次にわたって作成・公表してきた日米同盟政策への提言「アーミテージ・ナイ報告書《レポート》」は大きな影響力をもたらした。

同報告書はこれまで集団的自衛権の行使容認、有事法制の制定、軍事情報の共有に備える秘密保護法の制定、米軍と自衛隊の基地の共同使用、弾道ミサイル防衛での協力の深化、敵基地攻撃能力の保有、米軍と自衛隊の指揮統制の一体化、武器輸出三原則の緩和、米日の兵器産業の協力拡大などを、日本政府に求めてきた。ことごとく米日軍事一体化、日本の軍拡、有事体制の構築に結びつく政策の、いわば指南リストである。そして、それらは順次、実現してきた。

「アーミテージ・ナイ報告書」には、日本を戦争のできる国へと変えたいアメリカの戦略が反映されている。日本政府・自民党内の軍事大国化を志向する勢力も、同報告書の影響力を一種の外圧として利用してきたといえる。そして、米日合作の日本の大軍拡と軍事費膨張が進んでいる。

米軍と自衛隊の連携の拡大

安保法制によって、自衛隊は海外で米軍など外国軍隊のための兵員や武器などの輸送、弾薬の提供、燃料などの補給、装備の修理・整備、基地などの建設、通信、負傷兵の治療、捜索救助活動など、幅広い軍事支援ができるようになった。さらに、集団的自衛権を行使する場合は、武力行使すなわち米軍とともに戦闘をすることになる。

政府は、輸送や補給などは「後方支援」だと称している。しかし、輸送や補給のない戦闘は成り立たない。前述のようにそれらは軍事用語で兵站と呼ばれ、武力行使と切り離せない戦争の一環である。敵側からの攻撃対象にもなる。

「日米防衛協力のための指針」と安保法制にもとづき、米軍と自衛隊の実戦的かつ攻撃的な共同訓練・演習も拡大している。

陸上自衛隊は米海兵隊とともに市街地戦闘訓練、強襲上陸訓練などを、日本やグアムやアメリカ本土の都市型戦闘訓練施設、演習場でおこなっている。日本各地の自衛隊演習場で、米海兵隊の垂直離着陸輸送機・特殊作戦機オスプレイに陸上自衛隊員が米兵とともに搭乗し、敵地に潜入しての飛行場制圧などを想定した急襲作戦の訓練も実施している。米軍との地対艦ミサイルの実弾射撃をふくむ共同対艦戦闘訓練もおこなった。

「令和６年度米陸軍との実動訓練（オリエント・シールド24）」での日米共同調整の様子
出所：YouTube「陸上自衛隊 広報チャンネル」

海上自衛隊も米軍空母を護衛する共同訓練や、自衛隊のイージス艦と米軍のイージス艦による迎撃ミサイルの共同訓練もしている。自衛隊のヘリコプター搭載護衛艦（ヘリ空母）の哨戒ヘリによる、米軍空母への発着艦訓練も実施された。事実上の空母に改修中のヘリコプター搭載型護衛艦「かが」に、垂直離着陸できる米ステルス戦闘機Ｆ35Ｂが着発艦する訓練もおこなわれた。

航空自衛隊の戦闘機が米空軍の空中給油機から空中給油を受けて、アラスカの演習場などでの爆撃訓練などにも参加している。米空軍の核兵器を搭載できるＢ52戦略爆撃機を自衛隊の戦闘機が護衛する訓練もおこなっている。

横田基地から米空軍のＣ１３０輸送機に陸自の空挺団が乗り組

横田基地周辺で低空飛行訓練をする米空軍の C130 輸送機

横田基地に着陸する米空軍の大型輸送機 C17

み、大分県にある自衛隊の日出生台演習場や静岡県の東富士演習場でパラシュート降下訓練もした。千葉県の習志野演習場でも、横田基地からC130に乗った米陸軍特殊部隊と陸自空挺団が一緒にパラシュート降下訓練を実施している。

　米軍と自衛隊の軍事一体化は、司令部レベルでも進む。米空軍横田基地には二〇一二年三月、航空自衛隊府中基地から航空総隊司令部が移転してきた。米第五空軍司令部・在日米軍司令部棟のそばに、地上三階・地下二階の司令部棟を新設し、航空自衛隊横田基地として運用を開始した。

　横田基地は東京都西部、多摩地域の福生市《ふっさし》、羽《は》村市《むらし》、瑞穂《みずほ》町《まち》、武蔵村山市、立川市、昭島市《あきしまし》にまたがる。面積約七・一四平方キロ、全周約一四キロ。東京ドーム約一五〇個相当もの広さで、三三五〇メートルの滑走路がある。

航空総隊司令部は、航空自衛隊の戦闘機部隊、高射部隊（敵航空機と弾道ミサイルの迎撃）、警戒管制部隊（防空レーダーによる日本周辺空域の警戒監視など）などの指揮と、弾道ミサイル防衛での海上自衛隊イージス艦もふくめた統合任務部隊の指揮をとる。

同司令部棟の地階には、日米の共同統合運用調整所が置かれ、自衛隊と米軍のスタッフが防空システムと弾道ミサイル防衛システムについて情報を共有し、作戦の調整にあたる。米第五空軍・在日米軍司令部棟とは地下連絡通路でつながる。

もしも弾道ミサイルが発射されたら、「米国の早期警戒衛星などの情報も共有し、分析する」（『東京新聞』二〇一七年八月二日朝刊）。自衛隊と米軍の相互運用性を高める米日軍事一体化の一環だ。戦力・情報力において米軍側が優る以上、主導権を握り、自衛隊は実質的にその指揮下に入るとみられる。

米軍の弾道ミサイル防衛はアメリカ本土、ハワイ、グアムを狙った敵ミサイルの迎撃を目的とする。横田基地の共同統合運用調整所はそうした米軍の弾道ミサイル防衛システムに組み込まれている。アメリカ本土、ハワイ、グアムに向かう弾道ミサイルに米軍と自衛隊が共同対処する場合は、日本側にとっては集団的自衛権の行使となる。

また、陸上自衛隊も各地の師団・旅団の部隊を一元的に運用する陸上総隊を二〇一八年に創設した。その司令部は陸自朝霞駐屯地（東京・埼玉）にある。同司令部のもとで、在日米陸軍との緊密な連絡調整を担う日米共同部も発足した。

日米共同部の配置先は、米陸軍キャンプ座間（神奈川）基地内の陸自座間駐屯地である。キャンプ座間には在日米陸軍司令部と米陸軍第一軍団の前方司令部がある。やはり日米共同の司令部機能を強める動きの一環だ。キャンプ座間に近い米陸軍相模総合補給廠には、コンピューター・シミュレーションによる戦闘指揮訓練センターもでき、日米の共同指揮訓練などにも使える。

海上自衛隊も、横須賀基地の自衛艦隊司令部が米海軍横須賀基地の在日米海軍司令部・米第七艦隊司令部と緊密に連携し、司令部機能の一体化が進んでいる。敵基地・敵国攻撃能力を持つアメリカ製トマホーク巡航ミサイルが搭載される自衛隊イージス艦には、すでに米軍のイージス艦や早期警戒機とレーダー情報を共有して攻撃態勢をとれる、共同交戦能力（CEC）を備えたもの（「まや」「はぐろ」）もある。集団的自衛権の行使に結びつく武力行使の一体化のシステムが整っているのだ。その訓練もおこなわれている。

「安保三文書」にある「日米間の運用の調整、相互運用性の向上」「共同の能力を強化」に向けて、すでに着々と実績が積み上がっている。

米日統合司令部と日米指揮権密約

「日米防衛協力のための指針」にもとづく事実上の米日統合司令部も機能している。「同盟調整メカニズム」（ＡＣＭ）という機関で、二〇一五年一一月に発足した。それは以下の組織によって構成されている。

「同盟調整グループ」（ＡＣＧ：アメリカ側は国家安全保障会議・国務省・在日米大使館・国防総省国防長官府・統合参謀本部・インド太平洋軍司令部・在日米軍司令部の各代表、日本側は国家安全保障局をふくむ内閣官房・外務省・防衛省・自衛隊・関係省庁の各代表が参加）

「共同運用調整所」（ＢＯＣＣ：アメリカ側はインド太平洋軍司令部・在日米軍司令部の各代表、日本側は統合幕僚監部、陸上・海上・航空幕僚監部の各代表が参加）

「各自衛隊及び米軍各軍間の調整所」（ＣＣＣｓ：アメリカ側は各軍組織の代表、日本側は陸・海・空自衛隊の各代表が参加）

「日米合同委員会」（ＪＣ：アメリカ側は在日米大使館公使を除きすべて在日米軍司令部副司令官など在日米軍の高級軍人、日本側は外務省北米局長はじめ防衛省など関係省庁の高級官僚が参加）

これらの組織の中心となるのは、在日米軍の上部機関である米インド太平洋軍と在日米軍をそれぞれ代表する高級軍人と自衛隊の幹部だ。在日米軍司令部のある横田基地と東京市ヶ谷の防衛省を中心に運用されている。平時から戦時まで切れ目なく、まさにシームレスに米軍の事実上の指揮下で米軍と自衛隊の共同軍事作戦ができる体制を整えている。朝鮮半島有事などを想定した日米共同統合演習(指揮所演習)も、横田基地を中心におこなわれている。

また「日米防衛協力のための指針」にもとづく「共同計画策定メカニズム」(BPM)という機関もある。米インド太平洋軍司令部、在日米軍司令部、自衛隊統合幕僚監部など米日の制服組を中心に、共同軍事作戦計画を作成し、情勢に応じて更新している。台湾有事に備えた共同作戦計画も練られている。

いずれの調整・連携レベルにおいても、戦力・情報力の面でアメリカ側が格段に上であり、主導権を握っているにちがいない。したがって米軍が事実上、自衛隊を指揮するのが自然の流れであろう。

すでに一九五二年には、戦時に自衛隊(当時は警察予備隊)は米軍の指揮下に入るという「日米指揮権密約」も結ばれている。アメリカ側の強い要求のもと、当時の吉田茂首相と日本駐留の米極東軍司令官マーク・クラーク大将が秘密の口頭了解によって結んだものだ。憲法学者の古関彰一氏が一九八一年に、アメリカ国立公文書館でのアメリカ政府解禁秘密文書の調査を通じて明らかにした。

「日米会談で甦る30年前の密約(上)――「有事の際、自衛隊は米軍の指揮下に」」(古関彰一『朝日ジャーナル』一九八一年五月二二日号)によると、一九五二年七月二三日、クラーク司令官はロバート・マーフィー駐日大使とともに、吉田首相と岡崎勝男外相を自邸に招き、「重大な合意をとりつけることに成功」した。その内容を報告する同年七月二六日付のクラーク司令官から米軍の統合参謀本部あて機密文書(トップシークレット)には、次のように記されている。

「私は七月二三日夕刻、吉田氏、岡崎氏、マーフィー大使と自邸で夕食をともにしたあと会談した。私は、わが国政府が有事の際の軍隊の投入にあたり、司令関係に関して、日本政府との間に明確な了解が存在することが不可欠であると考えている理由を、ある程度詳細に示した。吉田氏は即座に有事の際に単一の司令官(a single comr)は不可欠であり、現状の下では、その司令官は合衆国によって任命されるべきである、ということに同意した。氏はつづけて、この合意は、日本国民に与える政治的衝撃を考えると、当分の間、秘密にされるべきである、と表明し、マーフィーと私は、この意見に同意した」(古関訳)

このようにアメリカ政府・米軍は、密約を通じてアメリカ側の「単一の司令官」による統一指揮権という特権を手に入れた。この秘密の口頭了解が交わされた一九五二年七月二三日は、自衛隊の前身で五〇年八月一〇日創設の警察予備隊を、「保安隊へと強化・拡大する保安庁法の成立(七月三一日)に、ほぼ見通しがつい」た時期だった。したがってアメリカ側が「周到な準備の下に、日本の国会で保安隊設立が決まる時期を待って、日本側最高首脳陣に迫った密約であった」と考えられる(前掲記事)。

なお、保安隊は一九五二年一〇月一五日に発足し、五四年七月一日に自衛隊へと改組された。

アメリカが統帥権を握る

さらに、朝鮮半島有事と台湾有事を想定した一九六六年度の日米共同「ブル・ラン作戦計画」(「猛牛暴走作戦計画」)でも、自衛隊は戦時に米軍の指揮下に入ることが合意されていた。

『週刊現代』編集部が同計画の極秘文書を独自に入手し、一九六六年九月二九日号で報じた記事「自衛隊の米中戦出兵秘密計画——日米共同〝ブルラン作戦〟の全貌」によると、自衛隊は米軍の補給作戦を支援する任務につき、「戦闘状態突入後は、日米の最高司令部は、以後の作戦を合同で協議するが、指揮権は米側に所属する」と同計画に記されていた。戦闘が始まれば、米軍と自衛隊の統一指揮権はアメリカ側が握り、自衛隊は米軍の指揮下に入ると決められていたのである。

主権の放棄ともいえるこの措置は、前出の一九五二年の秘密の口頭了解「日米指揮権密約」の存在を前提としたものであろう。

戦前・戦中、日本軍の最高指揮権すなわち統帥権《とうすいけん》は、大日本帝国憲法（明治憲法）にもとづき天皇が持っていた。しかし実質的には、統帥権に関して天皇を補佐する陸軍参謀本部と海軍軍令部が、天皇の名のもとにこれを行使していたのが実態であった。それが「統帥権の独立」と称され、内閣も議会も口出しできない軍部の「聖域」をつくりだし、日本を戦争に駆り立て、最終的に敗戦・破局へと導いた。

戦後は、日本国憲法のもと自衛隊の存在について違憲・合憲の論争はあるが、自衛隊法が制定され、内閣総理大臣が内閣を代表して、自衛隊の最高の指揮監督権すなわち統帥権を持つことになった。文民統制（シビリアン・コントロール）が制度化されたのである。戦前式の軍部による「統帥権の独立」は否定された。

しかし、有事に自衛隊が外国軍隊である米軍の指揮下に入る「日米指揮権密約」の存在と、自衛隊が事実上米軍の指揮下に置かれる「シームレスな統合」が持つ意味を考えると、「統帥権」が事実上アメリカ側の手に握られて、日本側は主体的に関与できない、別種の「統帥権の独立」ともいえる状態におちいってしまうのではないか。米軍主導の米日軍事一体化の「聖域」がつくりだされるのではないか。それはまさに外国軍隊による主権の侵害であり、独立国としてあってはならない従属状態である。

これでは仮に台湾有事が起きた場合、日本は主権国家として独自の判断ができず、結局はアメリカの戦争に引き込まれてしまう。いわば捨て駒として多大な戦禍を被ってしまう。かつて軍部の「統帥権の独立」により戦争・破局へと引きずられていった、あの昭和史の二の舞を別種のかたちで踏みかねない。

要するに、米日軍事一体化の本質は、米軍への自衛隊の従属的一体化なのである。「安保三文書」による大軍拡、軍事費膨張の国策がもたらす軍事優先は、本質的にはアメリカ優先、米軍優先なのである。日本にとって主体性なき、主権なき軍拡、「軍事大国化」といえる。

米軍優位の不平等な日米地位協定

そもそも外国軍隊である米軍に治外法権的な数々の特権を認めた日米地位協定のもと、日本における米軍の活動に対し日本政府は必要な規制をかけられず、主権を及ぼせない（主権なき）実態が長年続いている。

安保条約にも、地位協定にも、米軍基地の場所や使用期間を限定する条文はない。米軍は原則的に日本国内のどこにでも基地の設置を要求できる。「全土基地方式」と呼ばれるものだ。基地の提供は、密室の協議機関である日米合同委員会で合意さえすれば決められる。その後の閣議決定も形式的なものでしかない。国会での承認は必要とされない。国土を外国軍隊に基地として提供するという主権に関わる重大事項に、国権の最高機関の国会が関与できないのである。米軍にとって実に都合のいい仕組みだ。

米軍は基地の運営・管理などに「必要なすべての措置をとれる」強力な排他的管理権を持つ。基地からの環境汚染や実弾射撃訓練の流れ弾事故などが起きても、日本側当局は排他的管理権を盾とする米軍の許可なしには立ち入り調査も捜査もできない。犯罪事件の被疑者の米兵が基地に逃げ込んでも、警察は米軍の許可なしには立ち入って捜査できない。しかも許可されることはきわめて稀である。

米軍基地のために国有地が無償提供され、民有地の場合は日本政府が借り上げて、防衛関連予算から賃借料を所有者に払ったうえで提供されている。基地を日本側に返還する際の原状回復やそれに代わる補償義務も負わなくていい。そのため米軍は環境汚染防止に後ろ向きである。それが航空機燃料、PFAS《ピーファス》(有機フッ素化合物)・ダイオキシン・PCB(ポリ塩化ビフェニル)・アスベストなど有害物質の流出、漏出、飛散、廃棄などによる水汚染・土壌汚染など環境汚染を引き起こすことにつながっている。

横田空域や岩国空域のように米軍が航空管制を一手に握り、民間機の通過を制限して締め出し、訓練飛行などに独占的に利用する広大な軍事空域もある。米軍機の市街地上空での危険な低空飛行訓練も全国各地で野放しにされている。米軍機墜落事故では米軍が現場を封鎖し、日本側は現場検証も事情聴取もできない。

米軍機の騒音公害も止められない。米軍基地周辺の住民による米軍機騒音訴訟で、騒音公害として違法性と損害賠償は認められるが、飛行差し止めは認められない。米軍の活動に日本政府の規制は及ばないので差し止めはできないと裁判所は判断している。

米軍は日本の関税や租税を免除されている。港や空港への入港料や着陸料も免除されている。電気や水道など公益事業と公共の役務の利用優先権も保障されている。米軍人・軍属は日本の出入国管理の適用除外で、基地を通じて自由に出入国できる。

米軍人・軍属の公務中の犯罪(車両事故や航空機事故での過失致死傷など)の第一次裁判権は米軍側にあり、日本側に第一次裁判権のある公務外の犯罪でも、被疑者の身柄が米軍側にあるときは、日本側が起訴するまでは身柄の引き渡しをしないなど、米軍側に有利だ。

さらに在日米軍の駐留経費のうち、地位協定では日本側に支払い義務のない施設整備費、光熱水費、訓練移転費、基地従業員の労務費(人件費)などまでも、「思いやり予算」(「同盟強靭化予算」)などの名のもとに日本政府が毎年、多額の支出をして負担している。

このような米軍優位の不平等な状態で、はたして日本は真の独立国・主権国家といえるだろうか。属国ではないのか。米軍の基地運営・軍事活動に日本政府は必要な規制もかけられないでいる。アメリカ優先・米軍優先の、独立国にあるまじき状態を日本政府はひたすら容認している。アメリカの対中国軍事戦略に追随する主体性なき大軍拡は、日本側の主権なき不平等な地位協定体制、対米従属の延長線上にある。

米軍機による騒音公害を訴える裁判

米軍優位の地位協定のもと、米軍という外国軍隊により主権が侵害され、その結果、憲法で保障された人権も侵害される現実が続いている。

米軍機の爆音がもたらす騒音被害に苦しむ横田、厚木、嘉手納、普天間、岩国の各米軍基地の周辺住民による米軍機の夜間・早朝(午後七時または八時〜午前七時または八時)の飛行差し止めと、騒音被害に対する損害賠償を求める訴訟が、国(日本政府)を相手取り、これまで何度も繰り返し起こされてきた。

米軍機騒音訴訟、基地騒音公害訴訟などの呼び方をされる一連の裁判で、原告側は米軍機の騒音にさらされることで、頭痛、耳鳴り、難聴、不眠、イライラ感、不安、集中力の欠如、高血圧、動悸などの苦しみ・ストレスにさいなまれ、会話や電話やテレビ視聴なども妨害されていると、深刻な被害を口々に訴えている。

そして、憲法第一三条の「すべて国民は、個人として尊重される」、憲法第二五条の「すべて国民は、健康で文化的な最低限度の生活を営む権利を有する」という規定にもとづく人格権と環境権、平穏な生活をいとなむ権利、生存権、基本的人権が侵害されていると訴えている。

しかし裁判所は、騒音公害として違法性と損害賠償を認める判決は下しているが、夜間・早朝の飛行差し止めの請求はことごとく棄却している。棄却の理由の主旨をかみくだいて表すと次のとおりだ。

「安保条約・地位協定と、それにもとづく国内法令(安保特例法・特別法)には、米軍基地の管理運営と米軍の活動を制限する規定がない。そのため、国(日本政府)は米軍機の飛行活動を制限できない。したがって国に対し、その支配が及ばない第三者すなわち米軍の行為である飛行の差し止めを、裁判所から求めることはできない」

このような判決は、米軍に基地の排他的管理権など特権を認めた地位協定の不平等性を容認するものだ。米軍の基地運営と軍事活動による違法な騒音公害という人権侵害が起きていても、米軍の活動に日本政府の規制の手は及ばないとして、差し止め請求を退けている。人権侵害の救済・防止の措置をとらず、「せめて夜だけでも静かな空を返してほしい」という住民の切実な願いに背を向けている。

対米追従の政府に司法も追随しているとしか言いようがない。軍事優先・米軍優先で、基地周辺の住民の人権は二の次だ。その結果、政府は米軍機の騒音公害を止めようともしない。米軍の活動に対して日本の行政権も司法権も及ばないのが実態である。

騒音被害に対する損害賠償でも、本来、地位協定ではアメリカ側が七五パーセント、日本側が二五パーセントを負担する規定だが、アメリカ政府はかたくなに違法性を認めず、支払いに応じていない。地位協定を守っていない。そのため日本政府が肩代わりして負担しており、岸田内閣の政府答弁書(二〇二四年二月二七日付)によると、これまで各訴訟の判決を受けて支払った損害賠償金は計約七〇四億円にのぼる。

「裁判所は政府の立場を慮《おもんぱか》ってばかりで、三権分立にもとづく本来の司法の役割を果たそうとしません。政府はずっと米軍機による騒音公害を放置したままです。基地周辺住民が犠牲を強いられているのを見過ごしています。国が国民を守ろうとしないのです。しかし、普通の生

厚木基地周辺で低空飛行訓練をする米空母艦載機 FA18 戦闘攻撃機

活を取りもどすため、子や孫たちに少しでも平和で平穏な生活を残すために、引き続き声を上げていくつもりです」

そう一語一語に力をこめるのは、昭島市在住の福本道夫さん（七五）だ。基地周辺住民が米軍機の夜間・早朝の飛行差し止めと騒音被害への賠償を求める第一〇次の「横田基地公害訴訟」（原告三二六人、二〇二二年一一月提訴）の原告団長を務める。なお同訴訟とは別に、原告一四六七人の「第三次新横田基地公害訴訟」も二二年六月に提訴されている。

「基地周辺の住民は日本国家によって見捨てられている、棄民にされているのです」

米海軍厚木基地のある神奈川県大和市に住み、第三次厚木基地爆音訴訟（騒音公害訴訟）の原告団長だった真《ま》屋求《やもとむ》さん（故人）が、振りしぼるように口にしたこの言葉が、棄民政策を内包した軍事優先・米軍優先の国策の本質を浮き彫りにしている。

米軍基地がもたらすＰＦＡＳ汚染

米軍の基地使用と軍事活動がもたらす被害、人権侵害として、近年クローズアップされているのが、人体に有害なＰＦＡＳ《ピーファス》（有機フッ素化合物）汚染である。

ＰＦＡＳは水も油もはじく性質があることから、防水スプレー、フライパンや鍋のフッ素樹脂加工、レインウェア、水成膜泡消火剤（以下、泡消火剤）などさまざまな製品や半導体製造・金属加工などに使われてきた。

ＰＦＡＳは有機フッ素化合物の総称で、細かく分けると一万種類以上あるといわれる。そのうちＰＦＯＳ（ペルフルオロオクタンスルホン酸）とＰＦＯＡ（ペルフルオロオクタン酸）は発がん性や甲状腺疾患・高コレステロール血症のリスクがあるなど、健康への悪影響が指摘され、二〇〇九年と一九年に国連環境計画の「残留性有機汚染物質に関するストックホルム条約会議」で製造・使用が原則禁止された。

ＰＦＡＳは自然環境においてきわめて分解されにくく、長期に残留するため、「永遠の化学物質」とも呼ばれる。地中に蓄積して土壌や地下水の汚染を引き起こす。

米軍は航空機火災の消火用に、ＰＦＯＳやＰＦＯＡなどのＰＦＡＳをふくむ泡消火剤を長年使用してきた。二〇一五年にＰＦＯＳをふくまないものに代替しはじめたが、新しい消火剤もＰＦＯＡとその他の有害ＰＦＡＳを含有するという（ジョン・ミッチェル・小泉昭夫・島袋夏子／阿部小涼訳『永遠の化学物質　水のＰＦＡＳ汚染』岩波ブックレット、二〇二〇年）。

その米軍が長年使用してきた泡消火剤の漏出・流出・飛散などが、横田、厚木、横須賀、三沢、普天間、嘉手納の各基地でたびたび発生し、河川や地下水や土壌を汚染してきた。

たとえば、横田基地では明らかになっているだけでも、二〇一〇~二三年に八件の泡消火剤の漏出事故が起きた。貯蔵タンクや格納庫や消防車などから漏出した総量は、四〇〇〇リットルを超える。また基地の消火訓練区域では、長年にわたり泡消火剤が散布されてきた。さらに、二四年八月三〇日の豪雨で横田基地の消火訓練エリアの貯水池から、PFOSをふくむ約四万七〇〇〇リットルの水があふれて、基地外に流出する事故も起きたことが、二四年一〇月になって米軍から防衛省と地元自治体に通報されて明らかになった。

横田基地のある東京の多摩地域では、水道水源(地下水)の井戸が高濃度のPFOSとPFOAで汚染され、東京都水道局は二〇一九年以降、汚染された井戸四〇カ所からの取水を止めた。横田基地近くの畑の土壌からも高濃度のPFASが検出された。

市民団体「多摩地域の有機フッ素化合物(PFAS)汚染を明らかにする会」が、二〇二二年一一月~二三年三月におこなった多摩地域住民六五〇人の血液検査の結果、半数以上の人の血中PFAS濃度が、アメリカで「健康被害のおそれがある」とされる指標を上回った(『東京新聞』二〇二三年六月一四日朝刊)。

沖縄でも、嘉手納基地周辺の河川を水源とするポンプ場や北谷《ちゃたん》浄水場、同浄水場を給水元とする那覇市新都心公園の水道水などから、高濃度のＰＦＯＳやＰＦＯＡが検出されるなど、ＰＦＡＳ汚染が明らかになった（『沖縄タイムス』二〇一九年五月二三日朝刊）。また普天間基地周辺の河川や湧水や土壌からも高濃度のＰＦＯＳが検出されている。

基地への立ち入り調査を阻む地位協定と米軍の壁

このように健康被害のおそれがあるＰＦＡＳ汚染問題が重大化している。横田、厚木、横須賀、三沢、普天間、嘉手納の各基地などからの泡消火剤の漏出・流出・飛散の事故発生や、基地周辺の河川や地下水や土壌からの高濃度のＰＦＡＳ検出の事実から、汚染源は米軍基地としか考えられない。

しかし、米軍は基地が汚染源であることを認めていない。汚染源を特定するためには、基地への立ち入り調査が必要となる。しかし、米軍に基地の排他的管理権を認める地位協定が壁となって、調査は進んでいない。

二〇一五年九月二八日に地位協定を補足する「環境補足協定」が日米両政府間で結ばれた。それに伴い日米合同委員会で「環境に関する協力について」が合意され、日本側の基地への立ち入り調査、水や土壌や大気のサンプル採取の手続きについて取り決められた。

だが、「環境に影響を及ぼす事故(漏出)」の発生を米軍側が日本側に通報し、日本政府や自治体からの申請を米軍が許可しなければ、立ち入り調査はできない。前出の合意文書に、米軍は「申請に対して全ての妥当な考慮を払う」とあるように、あくまでも許可するかどうかは米軍の判断しだいである。「妥当な考慮」を払ったうえでの結論として、許可しないことになったと、いくらでも言いつくろえるのである。

通報するかどうかも米軍しだいである。「環境補足協定」にもとづく米軍の「日本環境管理基準」(JEGS)は、通報の必要があるケースを「大規模な漏出が発生し、施設の敷地内で封じ込めできない場合、もしくは日本側の飲料水源を脅かす場合」と定め、これに該当するかどうかは米軍が判断する。該当しないと判断されれば日本側には知らされない(『東京新聞』二〇二三年六月二六日)。

米軍からの通報がなければ立ち入り調査の申請もできず、米軍による環境汚染の隠蔽も可能な仕組みである。現に二〇二三年一月に横田基地で起きた、高濃度のPFOSとPFOAをふくむ汚染水の漏出事故について非公表とする方針を、二四年六月の日米合同委員会環境分科委員会において日米両政府が合意していた。米軍側の非公表の要求を日本側が受け入れたという。東京新聞が政府関係者に取材して初めて明るみに出た事実である(『東京新聞』二〇二四年七月一〇日朝刊)。

日米合同委員会は前述のように、日本の高級官僚と在日米軍の高級軍人などから成り、地位協定の運用に関する協議機関だ。関係者以外は立ち入れない密室の協議で、議事録や合意文書も原則非公開である。きわめて閉鎖的な組織で、米軍側に有利な合意が密かに交わされてきた。

この横田基地での汚染水の漏出事故を非公表にするという合意も、米軍側の要求に日本側が応じたもので、一種の密約といえる。漏出事故が隠蔽されて、通報されなければ、基地への立ち入り調査の申請もできない。米軍基地とPFAS汚染という重大問題をめぐっても、日本政府の対米従属ぶりが目立つ。

これまで(二〇二四年一二月の時点で)「環境補足協定」にもとづき、日本政府(外務省・防衛省・環境省)と自治体(沖縄県と宜野湾市、神奈川県と大和市・綾瀬市・横須賀市、東京都と福生市・羽村市・瑞穂町・武蔵村山市・立川市・昭島市)が立ち入り調査を実施できたのは、二〇二〇年から二四年にかけて普天間・厚木・横須賀・横田の各基地での計五回だけである。回数も少ないうえに、サンプル採取調査なども十分には実施できないのが実態である。沖縄県は嘉手納基地への立ち入り調査を求めてきたが、米軍は認めなかった。

「米軍機の騒音公害に関しても、基地からのPFAS汚染に関しても、私たち基地周辺住民は、軍事優先・米軍優先の国策と表裏一体の棄民政策によって犠牲を強いられています。しかし、このままではいけません。政府と自治体は米軍基地によるＰＦＡＳ汚染状況を明らかにするため、米軍に対し十分な立ち入り調査を何度でも求めるべきです。二〇二四年一二月二〇日の横田基地への立ち入り調査では、ただ一時間ほど米軍側の説明を一方的に聞かされただけで、とても調査といえるものではありません。土壌のサンプル採取などもできるよう、実質的な立ち入り調査を実行しなければなりません」

「多摩地域の有機フッ素化合物（ＰＦＡＳ）汚染を明らかにする会」共同代表で、横田基地の監視活動を続ける市民団体「羽村平和委員会」の高橋美枝子さん（八二）は、基地周辺で暮らす住民の実感をこめて訴える。

住宅地に銃口を向ける米軍機

米軍優位の不平等な安保条約・地位協定下の現実を露骨に表す光景がある。

人口が密集する横田基地周辺の住宅地上空で、米空軍の特殊作戦機ＣＶ22オスプレイが後部デッキから機関銃の銃口を突き出し、斜め下に向け、時に左右に動かしながら低空飛行訓練を繰り返しているのが、これまで何度も目撃されてきた。基地監視をおこなう羽村平和委員会のメンバーが撮影した写真にも写っている。

住宅地に武装勢力などの兵員が潜んでいるという想定のもと、機関銃でいつでも攻撃できるように監視・警戒しながら飛行する訓練であろう。実際に撃ちはしないが、銃口を向けられる住民にとってはただならぬ光景である。

米軍横田基地周辺を飛行中のオスプレイ．後部デッキに装着された銃口のようなものが斜め下を向いている（2019年7月11日撮影，写真提供：羽村平和委員会）

「横田基地周辺の五市一町の人口は五一万人を超えます。多くの人が暮らす住宅地を戦場に見立て、住民を標的にするような訓練です。自分たちが狙われているようで、恐怖を感じます。アメリカ本国ではやらないような訓練で、絶対にあってはならないことです」と、羽村平和委員会の高橋さんは憤る。

沖縄でも、米軍ヘリが同じように機関銃を民家に向けながら低空飛行訓練しているのを、住民がたびたび目にしている。その背筋が寒くなるような体験を聞いたことがある。

「ヘリの横のドアを開いて、米兵が機関銃の銃口をこちらに向けていることもあります。私たちを標的に見立てているにちがいありません。まるで戦場みたいです。怖いですよ。やっぱり何をされるかわかりませんから。夜、無灯火で何機も飛んで、サーチライトで家を照らしながら通過することもあり、不気味ですね。本当に許せません」

横田基地の広報部によると、オスプレイの機関銃は「機体に固定され、弾薬は入っていない」という(『東京新聞』二〇一九年八月一四日朝刊)。

しかし、「本当に入っていないのか、第三者による検証はできません。基地は外部の目が届かない得体の知れない存在です」と、前出の福本さんは憂慮する。

そして、弾薬が入っていないからいいという問題ではない。日本の市民をいわば「仮想標的」「仮想敵」に見立て、アメリカ本国ではできないような市街地上空での実戦的な訓練をすること、日本の地と空を好き勝手に軍事利用すること自体が問題なのである。

「日本を従属国扱いしているとしか思えません。私たちの地域とその上空が、戦争の訓練に利用されるのを見過ごすわけにはいきません」と前出の高橋さんが言うように、それは米軍から日本がどう見られているのかを象徴する、日本人にとって屈辱的な光景といえる。米軍は日本で基地を自由使用し、勝手放題な訓練をし、日本を軍事的に利用できるだけ利用している。

米軍は低空飛行訓練を、アメリカ本国では人家のほとんどない砂漠地帯などの訓練空域でおこなっている。人口密集地の上空ではしていない。それは日本政府も国会答弁で認めている。

「米国本土において人口密集地の上空を米軍機が訓練目的で飛行することがあるか否かについては、詳細についてはは外務省として承知してはいない。低空飛行訓練に関していえば、これを人口密集地の上空で行うことがあるとは承知していない」(二〇一〇年五月二〇日、参議院外交防衛委員会、福山哲郎外務副大臣)

まさに米軍のダブルスタンダードである。しかし、日本政府はそれを止めるどころか、米軍にとって必要な訓練だと容認している。

法的根拠のない低空飛行訓練

米軍は日米地位協定上の法的根拠もなく、北海道から沖縄まで全国各地に、わかっているだけでも八本の低空飛行訓練ルートや、関東から中部にかけての飛行訓練エリアを勝手に設定している。広島県と島根県にまたがる一帯の上空など、自衛隊訓練空域もひんぱんに使っている。F16戦闘機、FA18戦闘攻撃機、C130輸送機、オスプレイなどが飛び回り、広範囲にわたって住民に騒音被害、墜落や部品落下など事故の危険を及ぼしている。

低空飛行訓練は、低空でレーダーの探知を避けながら敵地に侵入、奇襲攻撃をする技能を磨

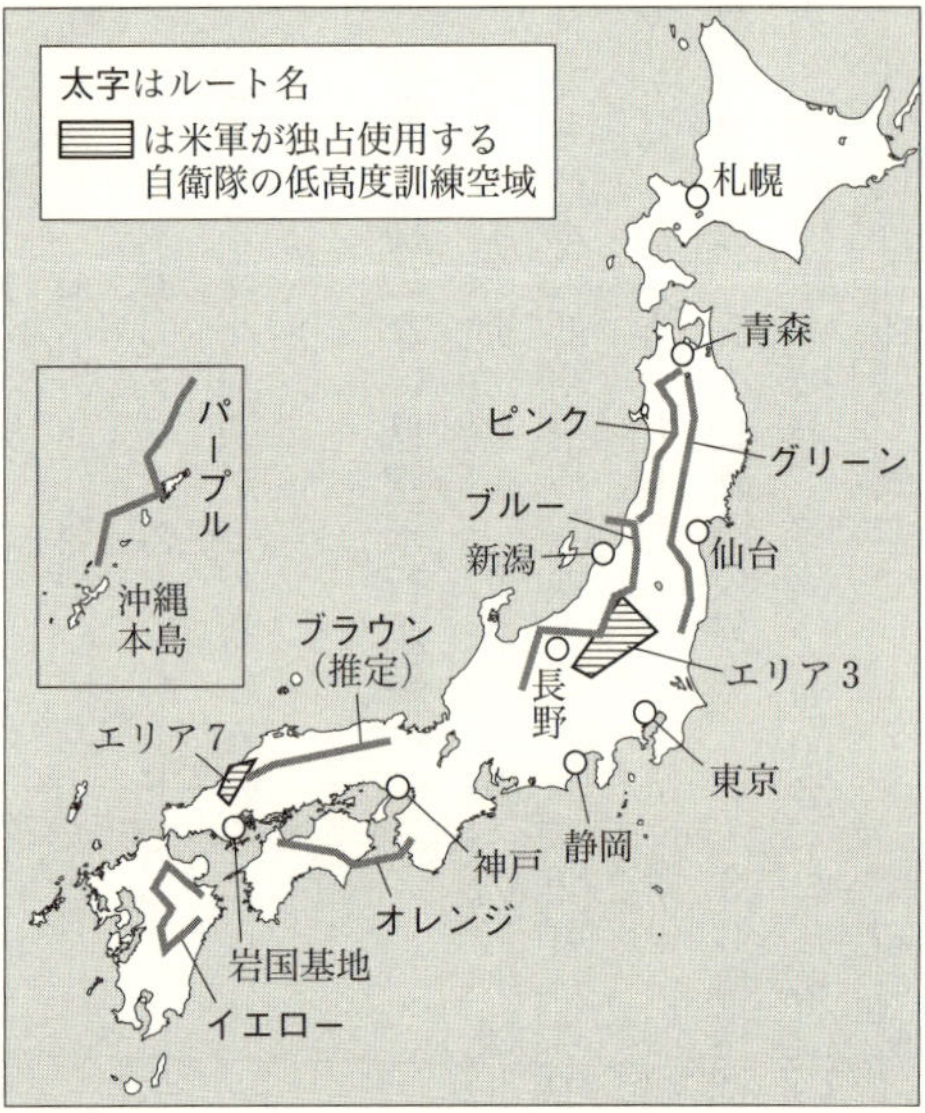

図 4-2　米軍の飛行訓練ルートと自衛隊の低高度訓練空域

注：ルートは 2012 年に米軍が実施した環境レビューなど，自衛隊の訓練空域は防衛省資料より．
出所：『しんぶん赤旗』オンライン版，2023 年 8 月 4 日付をもとに作成．

くためにおこなう。実際の射撃や爆撃などはしないが、ダム、発電所、橋など地上で目立つ建造物を標的に見立てた対地攻撃訓練も伴う。

たとえば、群馬県の渋川市では発電所や化学工場に向かって米軍機が急降下しては急上昇するのが目撃された。前橋市では、県庁付近の円形の大きな室内競輪場の上空を米軍機が執拗に飛び交う姿が見られた。

防衛省がまとめた全国的な「米軍機の飛行に係る苦情等受付状況表」の群馬県の欄には、「攻撃目標を定めているよう」「マンションが目標にされているようだ」「県庁上空で一気に高度を下げた」「落ちてきそうな恐怖感を覚える」「子供が怖がって泣いている」など、不安を訴える住民の声が記されている。

このように多くの人びとが生活する地域そのものが、米軍によって仮想の戦場に見立てられ、標的と仮定されている。そうとしか考えられない現実があり、突きつめてゆくと、米軍から日本がいかに見下されているかという、不平等な日米安保・地位協定の構造の深層に行き当たる。

防衛省によると、地位協定にもとづくとされる米軍の訓練空域は二八カ所ある（沖縄とその周辺に二〇カ所、九州・四国・本州周辺に八カ所。主に海の上空）。ただ地位協定には訓練空域に関する規定はない。これらの空域は日本の領空外の公空にまで広く設定されている。その法的根拠はあいまいだが、日本政府は安保条約の目的に照らして許容されると拡大解釈している。そのうえで、いちおう、米軍機はこれらの空域内で訓練をすべきなのである。

ところが、米軍機は日本全国の空で所かまわず自由勝手に訓練をしている。このような訓練空域外での飛行訓練について日本政府は、射爆撃を伴わなければ認められるとの見解を示す。

地位協定では第五条で、米軍の施設・区域（基地や演習場や訓練空域）への出入り、それらの間の移動、施設・区域と日本の港や飛行場との間の移動は認めているが、訓練を伴ってはならないとされる。したがって地位協定には、米軍の施設・区域外での飛行訓練の法的根拠となる規定はない。ところが、日本政府は次のような強引な解釈をしている。

「地位協定に具体的に書いていないが、施設・区域の中でなければできないとは考えていない。その法的根拠は、安保条約及び地位協定にもとづいて米軍の駐留を認めているという一般的な事実だと考えられる」（一九八七年八月二四日、衆議院安全保障特別委員会、外務省・斉藤邦彦条約局長）

つまり、地位協定上の法的根拠はないが、一般論として、米軍駐留を認めた安保条約と地位協定の趣旨からして問題はなく、認められるというのである。しかし、これは明らかに拡大解釈だ。もちろん安保条約で認められた米軍の日本駐留は、飛行訓練などの軍事活動を前提としている。だからこそ、そのために地位協定によって施設・区域を提供しているのだ。施設・区域外でも飛行訓練などをしていいのなら、わざわざ訓練空域を提供した意味がないではないか。施設・区域外での訓練は主権侵害にほかならない。その結果、広範囲にわたって住民の人権が侵害されている。

米軍の軍事的ニーズに合わせて

実は一九七〇年代までは、米軍による施設・区域外での飛行訓練などは認めないのが、日本政府の見解だった。たとえば次のような国会答弁もある。

「〔米軍は〕上空に対しても、その区域内で演習する。こういう取り決めとなっている」（一九六〇年五月一一日、衆議院日米安全保障条約等特別委員会、防衛庁・赤城宗徳長官）

「米軍に提供すべき施設・区域は、すべて〔日米〕合同委員会による合意を要するわけであるから、そういうふうに提供された施設・区域以外のものを米軍が使用することはできない」（一九七五年二月二五日、衆議院予算委員会、外務省・山崎敏夫アメリカ局長）

一九七五年三月三日の予算委員会では、時の首相までもがこう明言した。

「地位協定にある区域の中に入っていないところで演習することは、安保条約の趣旨からして、これは違反であると言えば違反ということになる」（三木武夫総理大臣）

このように地位協定だけでなく、「安保条約の趣旨からして」も「違反」であり、認められないというのが、当時の政府見解だったのである。

ところが、一九八〇年代になって米軍が日本各地で低空飛行訓練をするようになると、政府は一八〇度見解を変える。一般論として安保条約の趣旨を持ち出し、射爆撃などを伴わなければ施設・区域外での訓練を認めたのだ。その代表的な見解が、前出の外務省条約局長の国会答弁である。

結局、米軍の軍事的ニーズに合わせて既成事実を追認するために、安保条約・地位協定を拡大解釈したわけだ。「米軍の駐留を認めているという一般的な事実」というあいまいな要素を法的根拠とするのは、こじつけ以外の何ものでもない。これでは、地位協定の条文で駐留軍としての米軍の権利・法的地位を具体的に定めた意味がなくなってしまう。

しかも、前出の外務省条約局長の答弁に、「一般的な事実だと考えられる」とあるように、あくまでも外務官僚がそう考えてひねり出した解釈にすぎないのである。

これが米軍に対し新たな特権を容認してゆく日本政府の基本的パターンだ。この施設・区域外での低空飛行訓練が端的に示すように、米軍は自らの軍事的ニーズ次第で安保条約・地位協定を守らないのが実態なのである。

日米合同委員会の密室協議と密約

米軍の特権を容認していく日米両政府の密室協議の場がある。日米合同委員会だ。日米地位協定の具体的な運用に関する協議機関で、日本の高級官僚と在日米軍の高級軍人から成る。一九五二年四月二八日の対日講和条約、日米安保条約、日米行政協定(現・地位協定)の発効とともに設置された。

日本側代表は外務省北米局長で、代表代理は法務省大臣官房長、農林水産省経営局長、防衛省地方協力局次長、外務省北米局参事官、財務省大臣官房審議官。アメリカ側代表は在日米軍司令部副司令官で、代表代理は在日米大使館公使、在日米軍司令部第五部長、在日米陸軍司令部参謀長、在日米空軍司令部副司令官、在日米海軍司令部参謀長、在日米海兵隊基地司令部参謀長。

この一三名で本会議を構成し、その下部組織として施設・財務・労務・出入国・通信・民間航空・刑事裁判管轄権・環境など各種分科委員会、建設・港湾・道路橋梁など各種部会がある。全体で日米合同委員会と総称される。分科委員会や部会には、各部門を管轄する日本政府省庁の高級官僚たちと在日米軍司令部の高級将校らが出席し、実務的な協議をおこなう。そこで合意された事項は「覚書」として本会議に提出、承認される。

協議は基地の提供、各種施設の建設、米軍の駐留関係経費、米軍機に関する航空管制、米軍が使う電波の周波数、訓練飛行や騒音問題、米軍関係者の犯罪の捜査や裁判権、基地の環境汚染、基地の日本人従業員の雇用など多岐にわたる。

日本側はすべて文官だが、アメリカ側は大使館公使をのぞきすべて軍人で、通常の国際協議ではありえない形式だ。アメリカ側は当然、軍事的ニーズを重視する。地位協定は米軍に基地

日米合同委員会が開かれるニューサンノー米軍センター

の運営などに「必要なすべての措置をとれる」強力な排他的管理権を認めるなど、米軍優位であり、それを大前提に協議するため、アメリカ側が有利な立場にあるのはまちがいない。

日米合同委員会の本会議は隔週の木曜日に、ニューサンノー米軍センター（東京都港区の米軍宿泊施設）と外務省で交互に開かれる。分科委員会や部会は、各部門を管轄する省庁や外務省、在日米軍施設で、必要に応じて開かれる。合意の要旨はごく一部、外務省ホームページで公開されている。しかし、議事録や合意文書は原則非公開で、情報公開法により外務省などに開示請求しても不開示となる。国会議員にさえも非公開で、秘密主義を貫いている。

そのため、外務省や法務省や最高裁などの秘密文書・部外秘資料、アメリカ政府の解禁秘密文書、在日米軍の内部文書などを調べて探るしかない。そして、関係者以外は立ち入れない密室協議を通じて、米軍に様々な特権を認める秘密の合意すなわち密約が結ばれてきたことがわかった。

たとえば、首都圏の上空を覆う横田空域での航空管制を法的根拠もなく米軍に事実上委任する「航空管制委任密約」、米軍機の飛行計画など飛行活動に関する情報は日米両政府の合意なしには公表しない「米軍機情報隠蔽密約」、米軍機墜落事故などの被害者が損害賠償を求める裁判に米軍側はアメリカの利益を害するような不都合な情報は提供しなくてもいい「民事裁判権密約」、米軍人・軍属の犯罪で日本にとっていちじるしく重要な事件以外は裁判権を行使しない「裁判権放棄密約」、基地の日本人警備員に銃刀法上は認められない銃の携帯をさせてもいい「日本人武装警備員密約」などである。

憲法で国権の最高機関と定められた国会にも、主権者である国民にも秘密にしたまま、高級官僚と在日米軍高官が密室で取り決める日米合同委員会の合意は、時として日本の法令を超越して運用されている。

日米安保・同盟の冷厳な本質

このように日本政府は安保条約・地位協定を拡大解釈したり、日米合同委員会の密室協議で日本の法令に反してまで密約を結ぶなどして、米軍の特権を認め続けてきた。米軍は基地使用と軍事活動のフリーハンドを拡大する一方だ。

米軍を特別扱いし、特権を認めてゆくのも、日本政府が米軍の軍事的ニーズに合わせて追従する政策をとり続けているからだ。その軍事的ニーズは、根本的にはアメリカの世界戦略にもとづく海外の米軍基地ネットワークの有効活用のためである。そのネットワークに在日米軍基地も組み込み、戦力を前方展開させ、グローバルにいつでも武力による威嚇、武力行使ができる体制をとっているのだ。それがアメリカの狙いであり、安保条約・地位協定の本質である。

日本各地の空で低空飛行訓練を重ねた米軍機はイラク戦争などに参加し、空爆をしてきた。横田基地周辺の住宅地上空で、機関銃の銃口を突き出して低空飛行訓練をするCV22オスプレイは、敵地に潜入して破壊工作や暗殺などをおこなう特殊作戦部隊を運ぶ任務を持つ。それらの訓練は日本の防衛とは関係のない海外での軍事介入に備えるものだ。

米軍にとって地位協定は、基地ネットワークの有効活用のために、米軍優位の使い勝手のいいものとして運用される必要がある。状況に応じて軍事的ニーズを満たすためには、たとえば安保条約・地位協定に違反してでも施設・区域外の低空飛行訓練を既成事実化し、結局は日本政府に拡大解釈をさせて認めさせる。要するに、アメリカが主体で、日本は利用対象の客体でしかない。日米安保、日米同盟の冷厳な本質はこれである。

日本は地位協定で本来負担する必要のない米軍基地の光熱水費、日本人従業員の労務費、訓練移転費などを、地位協定とは別枠の特別協定（「思いやり予算」）として一九七八年度以来、負担し続けている。二〇二三年度予算では二一一二億円を、二四年度予算では一五八三億円が計上された。

やはり地位協定では支払い義務のないＳＡＣＯ（沖縄に関する特別行動委員会）関係経費を一九九七年度から、同じく在日米軍再編経費を二〇〇六年度から負担している。二三年度予算ではそれぞれ一一五億円と二一〇三億円、二四年度予算ではそれぞれ一一六億円と二一三〇億円が計上された。

このように毎年、米軍のために巨額の駐留経費を差し出しているのである。これも米軍すなわちアメリカ政府が、自らの都合と利益のために地位協定を守らず、日本に負担を強いているわけで、日本政府はやはり追従するばかりだ。結局、日本から搾《しぼ》り取れるだけ搾り取ろうというのが、アメリカの一貫した本音であろう。

米軍は在日米軍基地を出撃・補給・訓練などの拠点として利用してきた。日本政府はそれを認め、基地の建設・維持に財政支援までずることで、ベトナム戦争、アフガニスタンでの戦争、イラク戦争などで間接的な加害者の立場にあった。

この先、日本は基地や全国の空を軍事利用され、駐留経費というカネを搾り取られるだけでなく、米軍の補完戦力として自衛隊が海外の戦地で手足のように使われ、日本人の血まで搾り取られかねない、危うい状況にある。いつしか戦争の直接の加害者にまでなりかねない。

そして日本は、台湾有事を煽るアメリカの対中国封じ込め・攻撃戦略の軍事的ニーズ(集団的自衛権の実効性)に合わせて、敵基地・敵国攻撃能力を持つ長射程ミサイル中心の大軍拡を進めている。「安全保障のジレンマ」を招き、日本が戦場となるリスクまで高めている。

第5章　対米従属の象徴・オスプレイ

——危険な「欠陥機」を受け入れる唯一の国

沖縄県名護市沿岸部の浅瀬で大破した米軍の輸送機オスプレイ（2016年12月，写真提供：共同通信社）

オスプレイの墜落事故と飛行再開

日本政府・自民党の宿痾《しゅくあ》と化した対米従属の象徴といえるのが、アメリカ製の垂直離着陸輸送機・特殊作戦機オスプレイだ。墜落事故などを繰り返し、乗員の死傷者が相次いでいる。

米軍高官のアメリカ議会での証言によれば、一九九二年以来の死者は二〇二四年六月の時点で、開発段階の事故も入れて計六四人、負傷者は九三人にのぼる（『高知新聞』二〇二四年六月一三日朝刊、共同通信配信）。事故率が高い「欠陥機」とまで呼ばれる。

二〇二四年五月二三日には、米海兵隊MV22オスプレイの墜落事故（アメリカ・カリフォルニア州の演習場で二二年六月八日に発生）で死亡した乗員五人のうち四人の遺族（妻や両親）が、機体の欠陥と危険性を訴え、製造企業のベル・テキストロン、ボーイング、ロールスロイスなどに損害賠償を求めて、同州の連邦裁判所に提訴した（『しんぶん赤旗』二〇二四年五月三〇日）。

海兵隊の事故調査報告書によると、この事故は、オスプレイの回転翼にエンジンの動力を伝えるクラッチが一時的にはずれ、それがふたたびつながる際に衝撃が生じる「ハード・クラッチ・エンゲージメント」が起き、そのためエンジンのひとつが故障するなどして、機体が制御不能となったのが原因とされる。原告の遺族は、オスプレイが政府の安全基準を満たしていない「欠陥機」であり、被告の企業はオスプレイの安全性について政府や軍に虚偽の情報を提供していたと主張している（同前）。

このようにアメリカ本国で裁判沙汰にまでなるなど、「欠陥機」問題は深刻化している。にもかかわらず、日本ではオスプレイがいまも我がもの顔で飛んでいる。

二〇二三年一一月二九日、横田基地所属の米空軍ＣＶ22オスプレイが、鹿児島県屋久島沖でエンジンから火を噴いて墜落、乗員八人が死亡した。その後、米軍は全世界でオスプレイの飛行を約三カ月停止していたが、二〇二四年三月八日にそれを解除した。日本では三月一四日から、普天間基地所属の米海兵隊ＭＶ22オスプレイが飛行を再開した。

政府は米軍から、墜落の原因は「特定の部品の不具合」であり、「安全対策の詳細な情報提供」を受け、その「対策を講じることで、安全に運用を再開できる」と判断したとして、すぐに飛行再開を認めた。しかし、どの部品がどのような不具合を起こしたのかについては、米軍の事故調査報告書が出るまでは明かせないと言い張った。しかも事故調査報告書がいつ頃まで出るのかなど、すべては米軍まかせだった。

「日本で起きた墜落事故なのに、米軍優位の地位協定のもと日本側は何も手出しできず、政府は米軍の言い分を丸のみするばかりです。安全性について主権国家として独自に判断しようともしません。ただただ米軍の判断に従うだけです」と、横田基地の監視活動を続ける前出の羽村平和委員会の高橋美枝子さん(第4章参照)は、政府の無責任ぶりを追及する。

同じように飛行停止措置をとっていた陸上自衛隊も、二〇二四年三月二一日、木更津駐屯地(千葉県)に一四機暫定配備中のV22オスプレイの飛行を再開した。そして、横田基地所属のCV22オスプレイも、地元自治体に事前通告をすることなく七月二日に飛行を再開した。

墜落原因の調査が完了しないまま、具体的説明もせずに実態を隠して、米軍も自衛隊もオスプレイを飛ばせ始めた。米海兵隊岩国基地(山口県)に二〇二四年中に、米空母艦載のC2輸送連絡機に代えて米海軍CMV22オスプレイを四機ほど配備する計画も明らかになり、二四年一一月一七日に最初の一機が同基地に着いた。安全よりも軍事的都合を重視して、人命を軽んじる姿勢が前面に出ている。

二〇二四年八月一日(日本時間二日)、米軍は事故調査報告書を公表した。機体の左側のプロペラにエンジンの動力を伝えるプロップローター・ギアボックス内の歯車に亀裂が入って破断し、その破片が別の歯車にはさまり、歯車が摩耗して、動力が伝わらなくなったため、機体がバランスを失い、墜落したのだという。操縦室内の警告灯が五回点灯したが、パイロットはそのまま飛行を続け、事故にいたったらしい。

「しかし、歯車が破断した故障の根本的な原因は特定できなかったというのが、報告書の結論なんです。なぜ破断したのか本当の原因は究明されていません。だからオスプレイの安全性が保証されたわけではないのです。それなのに私たちの生活圏で飛行を再開しました。いつまた落ちるかわからない状態のままです」

そう米軍の安全性軽視を批判するのは、前出の昭島市在住で「横田基地公害訴訟」原告団長の福本道夫さん（第4章参照）である。

米軍特殊部隊員を運ぶオスプレイ

以前、米空軍CV22オスプレイが横田基地を拠点に、訓練飛行を繰り返すのを目撃したことがある。オスプレイが基地周辺の市街地を圧するかのように上空低く、爆音を押しかぶせながら何度も旋回すると、ビルのぶ厚いガラス窓が振動でびりびりと震えた。

濃い灰色の機体は、両翼端のローター（回転翼）を水平から垂直に切り替えながら、基地の滑走路中央へと降下していった。いったん着陸するや、すぐに飛び立つ。タッチ・アンド・ゴー（着陸の接地後すぐに離陸して急上昇する）の訓練だ。滑走路の東側を南北に延びる誘導路の真上を、高度十数メートルから数十メートルの超低空で往復し、タッチ・アンド・ゴーとホバリング

横田基地のフェンス近くでホバリング訓練をする米空軍 CV22 オスプレイ

（空中停止）の訓練を繰り返す。

基地のフェンスにはりついて写真を撮っていると、重苦しい爆音の波動が全身を揺るがす。オスプレイがフェンスぎりぎりまで近づいてホバリングするとき、機体がいまにも基地外の電柱に触れそうにみえる。墜落事故でも起きたらどうなるのかと、背筋が寒くなる。フェンスのすぐ外側は、車が行き交う生活道路である。近くには住宅や工場もある。荒々しい訓練は二時間ほど続いた（第4章扉写真）。

「オスプレイの訓練は午後から夜間にかけてが多いです。私たち基地周辺の住民は長年にわたり、日常的に米軍機の騒音にさらされています。オスプレイの場合は低周波で、また異質な不快感、圧迫感がつのる音なんです」

「横田基地公害訴訟」原告団長の福本さんはそう訴える。前回の第九次訴訟の裁判で証拠として福本さんたちが提出した、原告（一四四人）対象のオスプレイ騒音被害アンケートには、「地響きのように家ごと揺れる」「部屋の中のガラス戸がびりびり鳴る」「低周波音で体にずしりと響く」「耳鳴り、頭鳴り」「気持ち悪くなる」「不安感と怒りを感じる」といった切実な声が寄せられていた。

「しかし、政府は低周波音の環境基準を設けず、オスプレイの低周波音の人体への影響についても目を向けようとしません」(福本さん)

CV22オスプレイの勝手放題の訓練ぶりは、横田基地の機能強化を表している。同機の正式な横田配備は二〇一八年一〇月(実質的な配備は同年四月)だった。米空軍嘉手納基地の第353特殊作戦群指揮下の、第21特殊作戦飛行隊として運用され、沖縄の米陸軍トリイステーション基地のグリーンベレー、米海軍のシールズなどの特殊作戦部隊員が乗り組んで訓練に参加する。横田基地は特殊作戦部隊(以下、特殊部隊)の訓練拠点にもなっている。

垂直離着陸と高速・長距離の水平飛行が可能なCV22オスプレイは、特殊部隊を乗せ、夜間でも超低空飛行で最前線に送り込んだり、敵地後方に潜入させたりできる。山岳地帯で起伏に沿い超低空飛行できる地形追随装置(地形追随レーダーや赤外線センサー)、夜間飛行用の赤外線暗視装置、対敵電子妨害機能などを備えている。

「特殊部隊は闇にまぎれて潜入し、偵察、破壊工作、政府要人や武装勢力幹部などの暗殺・拉致、捕虜や人質の奪還などを主な任務とし、危険な訓練を重ねています。無灯火での夜間飛行訓練も多く、ホバリングやホイスト（ワイヤーロープによる吊り下げ・吊り上げ）の訓練は、隊員をロープで吊り下ろし、脱出時には吊り上げるのを想定したものです」

こう説明するのは前出の高橋美枝子さんだ。横田基地ではホバリングやホイストに加えて、CV22オスプレイやC130輸送機からのパラシュートによる人員降下と物資投下の訓練もおこなわれている。

危険なパラシュート降下訓練

横田基地でパラシュート降下訓練が始まったのは、二〇一二年一月一〇日である。六機のC130から一〇〇人もの兵員が降下した。訓練は三日間続いた。アラスカ州から来た米陸軍の空挺部隊だった。その後、グリーンベレーや海兵隊偵察部隊などによるパラシュート降下訓練が繰り返されている。高度三〇〇〇メートル以上から降下する場合もある。特殊部隊が敵地に潜入するための訓練だ。

降下隊員は横田基地内に降りるのだが、異常が生じて誘導傘などパラシュートの一部を切り離し、それが基地外に落下する事故も起きている。二〇一八年四月に誘導傘と収納袋が羽村市の中学校に落下した。一九年一月には誘導傘と収納袋が風に流されて行方不明になった。二〇年七月にも切り離されたメインパラシュートが立川市にある浄水場に落下し、誘導傘と収納袋が近くの電線に引っ掛かった。

また、二〇一七年一一月、Ｃ１３０輸送機からの物資投下訓練中、パラシュートに付けていた重さ三〇キロの箱がはずれて基地内に落下し、滑走路の一部が陥没した。二〇年七月には、潜水具のフィン（足ひれ）が福生市のＪＲ牛浜駅駐輪場そばの道路に落下する事故も起きた。水上への降下も想定した特殊部隊の装備品である。

「基地のそばを通る国道一六号線や五日市街道は交通量が多く、パラシュートの一部が車のフロントガラスにでも落ちてかぶさったら多重衝突につながり、大惨事となります。落下した箱、装備品、部品が人に当たれば大けがをします。横田基地のような市街地に囲まれた場所でおこなう訓練ではありません。アメリカでは人家のない広大な基地・演習場でやっています。米軍の露骨なダブルスタンダードです」と、高橋さんは憤る。そして、米軍優位の日米地位協定の問題点を指摘する。

「パラシュートの基地外への落下事故が起きても、米軍は訓練を止めません。周辺自治体が在日米軍と防衛省に対して抗議し、事故の原因究明と再発防止策が講じられるまで中止するよう求めても、米軍はすぐに訓練を再開します。日本政府は黙認してばかりです。基地の排他的管理権など米軍の特権を認め、基地運営と軍事活動に規制をかけられない地位協定の不平等性が根本的な問題としてあります」

アメリカの世界戦略に組み込まれた基地

CV22オスプレイの訓練飛行は横田基地の周辺だけでなく、青梅市、あきる野市、八王子市など、多摩地域の広範囲に及んでいる。さらに、埼玉、神奈川、群馬、栃木、茨城、長野、新潟、山梨、静岡、福島、青森など、関東・中部・東北地方の各県でも目撃されている。昼夜を問わず低空飛行訓練をしている。米軍が共同使用する自衛隊東富士演習場(静岡県)では、パラシュート降下訓練などもおこなう。岩国基地(山口県)や米空軍三沢基地(青森県)との間も訓練飛行しながら往復し、その活動範囲は全国各地に及ぶ。

タイで米軍を中心におこなう多国間軍事演習「コブラゴールド」にも、横田基地のCV22オスプレイは岩国・嘉手納両基地経由で飛行して参加している。米陸軍グリーンベレーの隊員を乗せ、パラシュート降下訓練などを実施した。このことからもわかるように、米軍が横田基地にCV22を配備しているのは、アジア太平洋からインド洋、中東までもにらんだ在日米軍基地への前方展開であり、けっして日本防衛に専念するためではない。輸送する特殊部隊も沖縄、韓国、グアム、ハワイなどの米軍基地に広範囲に配属されている。

実際、米軍は南アジアや中東、アフリカに特殊部隊を送り込み、武装組織に対する破壊工作や要人暗殺などの秘密作戦をおこなっている。在日米軍基地はアメリカの世界的軍事戦略に深く組み込まれ、横田基地を中心に特殊作戦の訓練・出撃拠点としても強化されている。

なお横田基地の常駐機はＣ１３０輸送機（一四機）、ＣＶ22特殊作戦機オスプレイ（五機〔六機配備されたが屋久島沖で一機墜落〕）、Ｃ12軽輸送・連絡機（三機）、ＵＨ１汎用ヘリコプター（四機）だ。無人偵察機ＲＱ４Ｂグローバルホークも一時配備されている。ＣＶ22が四機、追加配備の予定である。

横田基地はアメリカ本土、ハワイ、グアム、日本、韓国などの米軍基地間で、兵員や武器弾薬などの物資を運ぶＣ５やＣ17など大型輸送機がひんぱんに出入りする中継拠点である。アジア・西太平洋地域の軍事空輸のハブ基地だ。ＫＣ10空中給油機、Ｆ16戦闘機、ＭＣ１３０特殊作戦機、ＲＣ１３５電子偵察機、米軍関係者用のチャーター旅客機など多くの機種が飛来する。

さらに、核兵器を搭載できるＢ52戦略爆撃機も飛来しており、日本の国是「非核三原則」に反する核持ち込みの疑いも持たれている。アメリカ大統領、副大統領、国防長官など政府高官も専用機で横田基地から入国している。外国政府の高官が民間空港ではなく基地を通じて日本に出入国する例は、もちろんほかにはない。アメリカが日本に対していかに特権的地位を見せつけ、属国扱いしているかがわかる。

一国の首都の人口密集地のただ中に、司令部まで置かれた巨大な外国軍基地があり、軍用機が騒音を放って飛び交い、墜落や部品落下などの危険を伴いながら訓練を重ねるのは、世界的にも異例きわまりない。

オスプレイの超低空飛行を認めた日米合同委員会

結局、日本政府が米軍の軍事的ニーズをとめどなく追認し、米軍の特権がまかり通る理不尽な状態を許しているのである。オスプレイがらみでは次のような事例がある。

二〇二三年七月七日、米軍優位の地位協定の運用に関する密室の協議機関、日米合同委員会において、オスプレイの超低空飛行を認める合意が交わされた。防衛省の説明資料「日米同盟の抑止力・対処力向上のための在日米軍の訓練の実施について」(二〇二三年七月七日付)によれば、米海兵隊ＭＶ22オスプレイによる、「沖縄県を除く日本国内の住宅地等の上空を避けた山岳地帯」での低空飛行訓練において、最低高度を現行の五〇〇フィート(約一五〇メートル)から二〇〇フィート(約六〇メートル)に引き下げるというものだ。

本来、日本の国内法である航空法では、航空機の最低安全高度は、人口密集地上空では航空機を中心として水平距離六〇〇メートルの範囲内の最高建造物の上端から三〇〇メートル、それ以外の地域および水面の上空では地表や水面から一五〇メートルの高さと定めている。

ところが、米軍に対しては地位協定の実施に伴う航空法特例法により、航空機の安全運航に関する航空法の規定が適用除外とされ、米軍機は最低安全高度を守らなくてもいい。ほかにも夜間飛行での灯火義務、飛行禁止区域の遵守など、多くの規定が適用除外である。全国各地で米軍機が危険な低空飛行訓練を繰り返し、墜落や部品落下など事故の危険と騒音公害をもたらしている背景には、このように米軍の特権を認めた航空法特例法の弊害がある。

普天間基地の周辺上空を飛ぶ米海兵隊 MV22 オスプレイ

それでもオスプレイについては、機体の構造的欠陥による事故率の高さなどから、安全性に懸念が持たれ、沖縄を中心に配備反対の声もひろがったため、二〇一二年九月のＭＶ22の普天間配備に際して、低空飛行訓練での最低高度は原則、航空法の最低安全高度に準じた一五〇メートルにすると、日米合同委員会で合意していた。それなのに、沖縄県以外の山岳地帯では、その半分以下の約六〇メートルという超低空飛行ができるよう、米軍側に都合よく変更されたのである。

この合意について前出の防衛省資料によると、超低空の飛行訓練は「敵のレーダーからの捕捉や対空火器からの攻撃を回避」したり、「捜索・救難活動」の対象者を「上空から判別・早期発見」したりするために「必要不可欠」なものだという。

レーダー網をかいくぐり、兵員を敵地に潜入させたり、敵地から脱出させたりするためには、オスプレイの操縦士らが超低空飛行に習熟する必要がある。そのための訓練を、米軍は配備当初から望んでいたはずだが、オスプレイの安全性に対する地元沖縄などからの懸念を、日米両政府も無視はできず、とにかく配備を予定通り進めるため、とりあえず最低高度は原則一五〇メートルで合意したとみられる。

しかし、配備から一〇年以上たち、二〇一九年には横田基地に米空軍のＣＶ22オスプレイも配備され、日本各地でのオスプレイの低空飛行訓練も常態化したことから、米軍側は以前からやりたかった超低空飛行の訓練もできるよう、日米合同委員会で要求してきたのではないか。

それは、台湾有事での武力介入も想定した米軍の対中国軍事戦略による、在日米軍の訓練強化の一環でもあろう。その戦略に追従して大軍拡と米日軍事一体化を進めてきた岸田政権は、米軍の軍事的ニーズに合わせ、墜落事故や部品落下の危険度が増すにもかかわらず、超低空飛行の訓練を容認したのだろう。今後、ＣＶ22の最低高度引き下げも図られるのではないか。

この合意では、山岳地帯で超低空飛行をするとされるが、そこはもちろん無人地帯ではない。あちこちの山間部には当然、集落もある。住宅地上空を避けるなど「地域住民の生活環境への影響を最大限回避」するとされるが、額面通りには受け取れない。これまでオスプレイはじめ米軍機の日本各地での低空飛行訓練は、事故の危険や騒音公害といった生活環境への悪影響を及ぼし続けている。

前章で述べたように、米軍機は本州・四国・九州・沖縄の近海とごく一部の陸地の上空に二八カ所ある訓練空域内で訓練飛行すべきであって、それ以外の全国各地の上空で自由勝手に訓練飛行をしてはならないのである。

ところが日本政府は、訓練空域外での訓練飛行の既成事実を追認し、日米合同委員会でも合意した（「在日米軍による低空飛行訓練について」一九九九年一月一四日）。米軍によって空の主権が侵害され、その結果、地域住民の人権も侵害されているのに、それを是正しようともせず、米軍優先につとめている。オスプレイの最低高度引き下げの合意も、その一環である。

佐賀空港に隣接する陸上自衛隊駐屯地でのオスプレイ配備のための建設工事現場

佐賀空港へのオスプレイ配備

世界中でオスプレイを輸入したのは日本だけである。計一七機に諸経費込みで総額約三六〇〇億円も費やしたといわれる。これもまた日本政府の対米従属ぶりを示すものだ。いまやオスプレイは高額のうえ「欠陥機」として安全性を疑われ、アメリカの兵器産業にとっても武器輸出での利益は見込めない。アメリカの軍産学複合体にとって日本はいいカモである。

アメリカでは、国防総省も米軍によるオスプレイの調達を終了する計画を進めているという(『東京新聞』二〇二三年一二月二六日朝刊)。そして、ついにアメリカの二〇二四会計年度(二三年一〇月〜二四年九月)から、オスプレイの機体の生産ライン停止に踏み切ると報じられた(『沖縄タイムス』二〇二四年五月六日朝刊)。

そんなオスプレイであっても、防衛省は自衛隊オスプレイの基地確立に向けて、佐賀空港の隣に新たな駐屯地の建設を進めている。佐賀空港を軍民共用にする計画だ。

「飛行再開はもちろん許せません。「欠陥機」だからまた落ちるでしょう。そんなオスプレイを日本政府だけが輸入して、一七機も佐賀空港に配備するため、自衛隊の駐屯地を建設しています。配備に反対する私と仲間たちが建設用地内に持つ土地の所有権を無視して、強引に進めているのです」

そう憤りを表すのは、佐賀市に住み、有明海で海苔《のり》養殖業をいとなむ古賀初次《はつじ》さん（七五）だ。

佐賀空港は佐賀市南端の川副町《かわそえまち》の有明海沿岸にある。佐賀県が管理する地方管理空港で、滑走路の長さは二〇〇〇メートル。防衛省は二〇二三年六月一二日に、空港に隣接する三四・一ヘクタールの駐屯地建設用地で工事を開始した。連日、県内各所で採取した地盤改良用の盛土の土砂を運ぶダンプが出入りし、ショベルカーが動き回る。巨大クレーン車も林立している。二四年の夏前には八階建ての大きな隊庁舎の骨組みが姿を現した。

駐屯地には、木更津駐屯地に暫定配備中の一四機に三機を加えた計一七機のオスプレイ、陸自目達原《めたばる》駐屯地（佐賀県吉野ヶ里町）から移す対戦車攻撃ヘリや輸送ヘリなど約五〇機のヘリコプター、隊員七〇〇～八〇〇人を配備する。古賀さんの懸念は尽きない。

「オスプレイが飛び始めれば住民は墜落や部品落下の危険にさらされ、同機特有の低周波騒音の被害も受けます。海苔養殖業では、冬の海上で日が昇らない時間帯に作業することも多く、有明海でオスプレイの事故が起きたら、私たちは極寒の海に投げ出されて、いのちを落とすお

佐賀地裁に向かう佐賀空港自衛隊駐屯地建設工事差止訴訟の原告団と弁護団と支援者

それもあります。機体から燃料が流出したら海苔など海産物が打撃を受けます。軍民共用で基地化された空港は、戦時にはミサイルなどの標的になり、周辺の住民にも被害が及ぶでしょう。ウクライナやガザと同じような戦禍に巻き込まれるという不安が頭から離れません」

オスプレイやヘリコプターは佐賀空港の滑走路を使う。駐屯地には駐機場、滑走路への誘導路、格納庫、燃料タンク、隊庁舎、弾薬庫などの施設が造られる。二〇二五年六月末までに最低限必要な施設を完成させるため、突貫工事が続く。

基地建設工事の差し止めを求める訴訟

一方、工事の差し止めを求める訴訟が現在、佐賀地裁で審理されている。二〇二三年一二月二〇日、オスプレイ配備に反対する古賀さんら地元の海苔養殖漁業者四人が原告となり提訴した。「佐賀空港自衛隊駐屯地建設工事差止訴訟」(以下、差止訴訟)である。

原告四人はそれぞれ建設用地の土地の共有持分権を有する地権者で、ほかの地権者らとは一線を画して、国(防衛省)による用地買収に応じなかった。工事の強行により所有権と人格権が侵害されていると訴える。なお提訴に先立ち二〇二三年八月二九日、佐賀地裁に同工事の差止仮処分命令申し立て(以下、仮処分申し立て)もしていた。

この訴訟は、憲法第二九条「財産権は、これを侵してはならない」という規定にもとづく土地の所有権、憲法第一三条の「すべて国民は、個人として尊重される」にもとづく生命・自由・幸福追求の権利すなわち人格権といった、憲法が保障する国民・市民の権利が、「安保三文書」下の軍事優先の国策によって、いかにないがしろにされているかを映し出すものだ。しかも対米従属の象徴で人命軽視のオスプレイの問題もからんでいる。

古賀さんがオスプレイの墜落や部品落下の危険とともに指摘した、同機特有の低周波騒音については、二〇二四年三月一五日の差止訴訟の第一回口頭弁論で、弁護団の東島浩幸《ひがしじまひろゆき》弁護士が沖縄で生じている具体的被害に言及した。

「佐賀空港に配備されるオスプレイは、一個中隊単位で昼夜を分かたず訓練が繰り返されるところから、相当強度の低周波騒音被害となる危険性がある。二〇ヘルツ以下の低周波音は人間の耳には聞こえないが、物的な影響や人間の心身への悪影響がある。オスプレイは低周波騒音を発することで知られる。『琉球新報』(二〇一七年九月二七日)によると、沖縄の普天間基地に配備された米軍オスプレイの離発着ルート下の住民一二七名のアンケート調査では、「不眠」五割、「イライラ」六割、「戸や窓が振動」七割など、低周波騒音被害が浮かび上がっている」

住民を戦争に巻き込む空港の基地化

駐屯地建設用地は、もともとは古賀さんら原告四人をふくむ旧南川副漁業協同組合の漁業者二五四人の共有地だった。同漁協は二〇〇七年に近隣の各漁協と合併し、現在は佐賀県有明海漁協（以下、有明海漁協）となっている。

建設用地と佐賀空港のある一帯は、一九五四年の国土造成計画にもとづき食糧増産のため、五五～七二年に国が佐賀県に代行させるかたちでおこなった干拓事業による土地だ。広さ二四〇ヘクタールの干拓地は「国造搦《こくぞうがらみ》」と呼ばれる。「搦」とは佐賀県に多い干拓地名だ。

その干拓地のうち六〇ヘクタールの農地が、旧南川副漁協への金銭的な漁業権補償とは別に、漁場を失う漁業者の生活再建策として、干拓地への入植増反《ぞうたん》を希望する個々の漁協組合員に配分された。それは一九六三年三月二九日、旧南川副漁協の漁業者と佐賀県が交わした土地配分の申し合わせにもとづいている。

一九七三年に「国造搦」は国から佐賀県に払い下げられ、そのうち六〇ヘクタールの農地に関しては八八年、佐賀県と旧南川副漁協の間で売買契約が交わされ、所有権の移転登記がなされた。土地配分を受ける多人数の地権者が、一定期間内に移転登記するには多大な費用と労力がかかるため、便宜的に漁協への一括登記となったのである。そのためには法人格を持つ漁協が契約当事者となる必要性があった。差止訴訟弁護団の池上遊《ゆう》弁護士は、こう説明を加える。

「漁協名義の契約と登記はあくまでも便宜的なものです。個々の漁業者すなわち地権者から成る「国造搦六〇ヘクタール管理運営協議会」(以下、協議会)の規約には、漁協の組合員に「配分された」と明記されています。協議会と各地権者との協定書にも、「会員に持分を配分する」とあります。各地権者にはその証《あかし》として、それぞれ共有持分の面積を記した協議会と南川副漁協(現・有明海漁協)連名の「国造搦持分証券」が交付されました」

この証券は原告四人も持っている。古賀さんの持分面積は二一三三平方メートルで、ほかの三人の持分もほぼ同じような広さだ。「国造搦」の共有地は協議会の管理のもと地元の営農会社に貸し出され、小麦や大豆などの農作物の収益が会員に分配されていた。

ところが、二〇一四年七月に防衛省が佐賀県に、佐賀空港へのオスプレイ配備と駐屯地建設の受け入れを要請した。住民の間で反対運動も起きたが、一八年八月に県は政府の意向に沿い、国からの二〇年間で一〇〇億円の着陸料などで合意し、受け入れを決めた。

「この防衛省から佐賀県への要請のあと、近隣の自治会長らとも話し合って反対運動を始めました。「オスプレイ反対住民の会」を結成し、オスプレイについて学ぶために講師を招いて勉強会を開き、幟《のぼり》を掲げて市井の方々への訴えかけもしました。反対署名をつのって県や国に意見書も提出しました。山口祥義《よしのり》知事との面会も申し出ましたが、担当者は「伝えます」と言うばかりで、最後まで私たちの前に知事は現れませんでした」(古賀さん)

しかし、そもそも佐賀空港が造られるに際しては、佐賀県と旧南川副漁協など近隣漁協との間で結ばれた公害防止協定(一九九〇年三月三〇日)の覚書付属資料で、「県は佐賀空港を自衛隊と共用するような考えを持っていない」と約束されていた。原告の江頭鐵也《えがしらてつや》さん(八二)は、この協定の意義を強調する。

「空港を自衛隊も使って、基地化されたら、出撃拠点になり、また攻撃対象ともなり、私たちの地域が戦争の加害者にもなるし、被害も受ける。そうならないように結ばれたこの協定には、当時の漁協の組合長はじめ戦争体験者だった先人たちの思いがこめられています。先人たちから協定が結ばれた経緯と、戦争の恐ろしさ、悲惨さを聞いていた私たちは、その思いを受け継いでオスプレイ配備に反対しています」

古賀さんもこう言い添える。

「私も漁協の先輩、まわりの大人たちから戦争体験を身近に聞いています。あちこちに爆弾が落とされ、広島が、長崎が原爆で焼け野原になったことなど、小さいときから耳にして育ちました。戦争の恐ろしさ、戦争はけっしてするもんじゃないということは、しっかり頭の中に入っているんです」

共有地としての権利無視の土地買収

ところが、オスプレイ配備を受け入れた佐賀県は、有明海漁協に公害防止協定の見直しを要請した。その結果、二〇二二年一一月一日、同漁協は組合長や一五の漁協支所の幹部から成る「オスプレイ等配備計画検討委員会」を開き、漁協内に反対の声がありながらも、協定見直しを決めた。協定は自衛隊との共用を認めるよう改定された。

「私たちの父世代が、佐賀の平和と有明海の豊かな漁場を守るという意志を持って、空港を自衛隊と共用しない、軍事利用しないとの協定を佐賀県と結び、それが長年守られてきたのに、いとも簡単に見直したのはとんでもないことです」と古賀さんは語気を強める。

この協定見直しと前後して、防衛省は駐屯地建設用地の取得に向けて動く。九州防衛局は二〇二一年七月頃、予定地である「国造搦」共有地の地権者への土地売却の可否をたずねるアンケートをおこない、二三年三月頃には地権者宅への土地売却交渉のための戸別訪問も始めた。

　そして二〇二三年五月一日、旧南川副漁協を受け継ぐ有明海漁協南川副支所で、「国造搦」共有地を管理する協議会の臨時総会が非公開で開かれた。土地売却に賛成・反対の怒号が飛び交い、地権者二五四人のうち二三九人が投票した。賛成一八四人・反対四九人で、三分の二の賛成が得られたとして売却が決まった。防衛省は土地買収価格を引き上げ、一平方メートルあたり六〇三一円を提示していた。出席者によると、協議会執行部は「知事も佐賀市長も駐屯地の受け入れを容認しているので、執行部も賛成する」と強調したという（『朝日新聞』二〇二三年五月二日朝刊）。また防衛省は漁協に漁業用施設の建設など地域振興策も提示していた。

　一連の動きの背後に政府からの強い働きかけもあったとみられる。二〇二一年一〇月と二二年四月には、岸田首相が有明海漁協組合長と密かに二度面談し、「オスプレイ配備に理解をお願いします」などの発言をしていた（『佐賀新聞』二〇二三年一一月一六日朝刊）。

　これを受けて二〇二三年五月一五日、「国造搦」共有地の登記上の名義を旧南川副漁協から継承していた有明海漁協が理事会を開き、土地売却を決めた。同月一八日、防衛省（国）との売買契約が結ばれた。

「しかし、その土地は漁業者個々人に持分面積が配分された共有地で、売却には全員の同意が必要〔民法第二五一条〕です。多数決では決められません。ただ、おかしいと思いながらも、生活のために迎合せざるをえなくなった漁業者も多いのです」と古賀さんは訴える。

池上弁護士も、「有明海漁協は協議会から登記名義面の管理を委託されている」にすぎず、共有地の持分権者全員の同意がない前出の売買契約では、「国が所有権を取得したことにはならない」と指摘し、「そもそも協議会は共有地の管理団体で、土地を売却処分する権限はなく、売却決議そのものが無効だ」と述べる。こうして古賀さんら四人は、個々の漁業者に配分された共有持分権にもとづく土地の所有権を根拠に、差止訴訟を起こすこととなった。

「空港を自衛隊と共用しないという先人たちの賜物《たまもの》である協定が変えられ、私たちの土地が勝手に売り飛ばされ、軍事拠点として作り変えられようとしています。このような愚行を見過ごすことはできません」と古賀さんは確信をもって言い切る。

有明海の海苔養殖への悪影響を危惧

オスプレイの危険性などの問題に加えて、駐屯地建設が有明海の環境、海苔養殖に与える悪影響の問題もある。有明海は日本一の海苔の産地だ。佐賀空港沖にも無数の海苔養殖網が設置されている。古賀さんは次のように懸念を示す。

「舗装された駐屯地からは雨水の排水（豪雨などで大量の真水が海に流れ込むと塩分濃度が低下し海苔に悪影響を及ぼす）、オスプレイとヘリコプターの機体洗浄の化学物質をふくむ排水、七〇〇～八〇〇人の隊員の生活排水などが大量に出ます。防衛省は雨水と海水を混ぜる一時貯留池や浄化槽など排水処理の施設を造るというが、不十分ではないでしょうか。浄化したとしても大量の処理水が有明海に流れ込むことになります。その影響たるやきわめて大きいでしょう」

そして、国の強引な姿勢を批判する。

「防衛省が排水対策について判然としない説明を続けていることに対しては、不信感しかありません。本来おこなうべき環境アセスメント（環境影響評価）を実施せず、十分な対策を講じることもなく、突貫工事で事業を進めるなど、国の権威を笠に着て、やりたい放題としか言いようがありません。先人たちが守ってきた宝の海が汚染されてしまうのではないかと心配でたまりません」

差止訴訟を支援する市民団体「オスプレイ裁判支援市民の会」世話人の向井寛さんも、「防衛省と佐賀県の環境アセスメント逃れは許せない」と批判する。

「佐賀県環境影響評価条例は、三五ヘクタール以上の用地造成をおこなう事業者に対して、着工前の環境アセスメントを義務づけています。三四・一ヘクタールの駐屯地建設工事と約七ヘクタールの排水対策施設建設工事は、合わせると三五ヘクタールを超えるのに、防衛省も佐賀県も「事業の目的が違い、一連性はなく別々の工事だ」としてきました」

そのうえで、防衛省の姑息なやり方を明らかにする。

「しかし、排水対策の雨水一時貯留池の掘削工事で出る三〇万立方メートルもの膨大な土砂は、すべてトラックで駐屯地の工事現場に運ばれて盛土に使われます。防衛省の資料によれば、二つの工事（駐屯地の盛土、貯留池の土砂掘削・運搬）期間は、二〇二四年八月末までで、ぴったり一致します。駐屯地と貯留池の工事は明らかに一連性があります。防衛省はただちに工事を中断し、県条例にもとづく環境アセスメントを実施すべきです」

差止訴訟の原告の石尾義幸さん（七四）も、二〇二四年六月一四日の佐賀地裁での第二回口頭弁論の意見陳述で、「駐屯地造成のための盛土の約四五パーセントに相当する三六万立方メートルの土砂に対して、土壌改良のために一立方メートルあたり五〇キロもの生石灰《せいせっかい》（酸化カルシウム）を混合させている」問題を取り上げた。

生石灰は石灰岩を加熱分解させてつくる粒状または塊状の強アルカリ性物質である。石尾さんは「一立方メートルあたり五〇キロの生石灰量は、一般的に雨によって酸化した土壌の改良のために使われる量の数倍にも該当」すると指摘した。

このように土壌改良（地盤改良）用に大量の生石灰が混合された結果、雨水が地中に浸透して高濃度のアルカリ成分が染みだし、有明海に流入すれば、海水のｐＨ（ペーハー）が上昇すなわちアルカリ性の濃度が高くなり、海苔の生長に悪影響を与えるのではないか。そうした事態を石尾さんは心配している。

駐屯地の建設工事と、完成後の基地使用によって有明海の水質が悪化するおそれが高まっている。原告のひとり田中義雪さん（八〇）は、「このままでは海が壊れてしまいます」と危惧の念をもらす。

矛盾する国側の主張

差止訴訟で国側は、「一九八八年の佐賀県と旧南川副漁協の「国造搦六〇ヘクタール」の売買は、漁協が持っていた共同漁業権の補償としておこなわれたものであり、売買契約での買主は個々の漁業者ではなく漁協であることから、所有権は漁協にある。だから原告らは土地の共有持分権を取得しておらず、所有権にもとづく差し止め請求権は認められない」といった趣旨の主張をし、請求棄却を求めている。

さらに「持分」の「配分」とは、「土地から生じる収益の配分を受けることを意味し、土地そのものの共有持分権を有することとはいえない」旨の主張をしている。仮処分申し立てでも同様の主張だった。

そして二〇二四年三月二一日、佐賀地裁は仮処分申し立てを却下する決定を出した。国側の主張をそのまま認め、個々の漁業者が共有持分権（土地の所有権）を有するとは認められないという判断を示した。古賀さんら四人は「国寄りの結論ありきの不当な決定で納得できない」として、福岡高裁に即時抗告した。

「漁業者に所有権がないなどありえません。現に持分証券には各人の持分面積が記されています」と原告の石尾さんは言い、「防衛省が当初から各漁業者を地権者と認識していた証拠」として、防衛省九州防衛局が共有持分権を持つ各漁業者に土地売却に賛成か反対かのアンケートを直接送付し、さらに九州防衛局の職員が個々の地権者の家を戸別訪問までして土地売却の交渉をしていた事実をあげる。

また、防衛省（国）と有明海漁協の間で土地の売買契約が結ばれたあと、土地の売却代金は、協議会の各会員名義の口座にそれぞれ振り込まれた。この事実も、防衛省が個々の地権者らが土地の所有者（共有持分権者）だと認識していた証拠である。なお原告の四人はむろん売却代金を受け取っていない。

ところが国側は、問題が司法の場に移るや口をぬぐって、「共有持分権の意味を矮小化し、個々の漁業者の所有権を否定しようとしている」(池上弁護士)のである。それまで防衛省は「地権者アンケート」や「地権者説明会」というふうに、共有持分権を持つ漁業者を「地権者」と言い表していたのに、司法の場では「関係者」と呼び方をいつのまにか変えている。このような国側の対応の背後に軍事優先の論理がかいま見える。原告側は差止訴訟でも今後、国側の主張の矛盾を突いていくという。

米軍による軍事利用への懸念

古賀さんらはまた、自衛隊駐屯地ができれば佐賀空港を米軍も軍事利用するようになることを懸念する。防衛省は佐賀市への説明などで、「駐屯地には、米軍の常駐計画はない」としながらも、「政府としては、沖縄の負担を全国で分かち合うべきとの基本的な考え方に基づき全国の他の空港と横並びの中で佐賀空港の活用も考慮したい」との意向を示している(佐賀市のホームページ)。オスプレイなど米軍機の訓練のための一時的な利用もありえるのだ。仮に米軍も軍事利用するようになれば、墜落の危険や騒音などがより深刻化する。

古賀さんらは、二〇二四年二月二八日に米軍ヘリが事前連絡なしに佐賀空港の滑走路付近を低空飛行したことを例にあげ、「将来、米軍が来るのを証明しているようなもので、常駐しないと言われても信用できません。政府はアメリカ言いなりですから」と不信感を表す。

防衛省の説明では、低空飛行は「搭乗員の認識不足」で、「組織的行動ではなく、搭乗員の独断だった」という(『佐賀新聞』二〇二四年三月一八日)。

だが、将来の軍事利用に向けた布石ではないかとの疑いは晴れない。原告の江頭さんは政府の姿勢を批判する。

「オスプレイ配備の問題が起きてから、日米地位協定に関する本をいくつも読みました。地位協定は米軍に多くの特権を認め、基地と軍事活動に対して日本の主権は及ばないことがよくわかりました。しかし、この不平等な地位協定を政府は見直そうともしません。アメリカによる「占領」はまだ終わっていないのです」

米軍による佐賀空港の軍事利用が懸念される背景には、近年の急速な米日軍事一体化の問題もある。防衛省はオスプレイの佐賀空港配備の理由に、陸自水陸機動団が配置された相浦《あいのうら》駐屯地(長崎県佐世保市)から近く、オスプレイによる島嶼部などへの迅速な部隊輸送に適している点をあげる。水陸機動団は日本版海兵隊ともいわれ、海上と空中からの離島奪回作戦を担うとされる。

島嶼部とは具体的には鹿児島県の種子島から沖縄県の与那国島にかけて連なる南西諸島を指す。そこでは、台湾有事にからむ対中国戦を想定し、自衛隊ミサイル基地や弾薬庫の設置など軍事要塞化が進む。米軍も高機動ロケット砲システムを備える部隊を島々に分散配備し、攻撃しては島嶼間を移動する作戦を構想している。自衛隊との基地の共同使用も見込んだ共同作戦計画もある。米軍と自衛隊のオスプレイ活用も見込まれている。

オスプレイの佐賀空港配備はこのような米日共同作戦体制、アメリカ主導の対中国軍事戦略の一環である。墜落事故が絶えないのに米日両政府がオスプレイに固執するのもそのためであろう。

原告の石尾さんは、二〇二四年六月一四日の佐賀地裁での第二回口頭弁論で、屋久島でのオスプレイ墜落事故から三カ月あまりで飛行再開を決めた米軍と、それを認めた日本政府の、オスプレイ安全説の矛盾を突いた。

「根本的な事故原因が明らかにされないまま、〔米軍も日本政府も〕飛行再開の判断をおこないました。もっとも、その運用に関しては、飛行範囲を緊急着陸などの対応が可能な飛行場から三〇分以内の範囲に制限していることが明らかとなりました。これは、米軍自身がオスプレイ機の危険性を認識し、事故再発への不安をぬぐいきれないことの表れです」

こうした制限をとらざるをえないこと自体、オスプレイの安全性が担保できないことの証であり、それを米軍みずから認めたようなものだ。

「このような危険な機体が私たちの頭上を飛び交うのかと思うとゾッとします」と石尾さんは訴えた。

その後、二〇二四年一〇月二七日に自衛隊のオスプレイ一機が、与那国島で機体の一部が損傷する事故を起こした。全一七機の飛行停止の措置がとられたが、一一月一五日に飛行を再開した。しかし、一二月九日に米軍のオスプレイがまた飛行停止となったことで、自衛隊もふたたび飛行停止の措置をとった。そして、米軍が一二月二〇日に飛行停止を解除したため、自衛隊も飛行を再開した。

米軍も自衛隊もトラブル続きのオスプレイに振り回されているとしか言いようがない。それでもなおこの「欠陥機」に執着し続けている。

平和な環境と宝の海を未来の世代に

佐賀空港がオスプレイ基地として重要な軍事拠点になれば、攻撃されるリスクも高まる。原告側は、オスプレイの墜落の危険に加えて、戦争に巻き込まれる危険も高まり、憲法第一三条が保障する人格権のうちの特に「生命の権利」が侵害されると訴える。

「このままでは、佐賀空港や南西諸島はじめ日本全体がアメリカの軍事戦略の盾とされ、ミサイルが飛んできて戦火に巻き込まれ、捨て石にされてしまいます。大きな犠牲を強いられます」と原告の田中さんは顔を曇らせる。

日米「指揮統制」連携の強化で、自衛隊が事実上米軍の指揮下に入れば、アメリカの戦略に日本は引きずられ、戦禍のリスクは一層高まる。

「政府はまるで戦争の準備をしているみたいです。基地ができることで戦争の被害者にも、加害者にもなるリスクが高まる環境、アメリカの戦略の捨て石にされてしまいかねない状況を未来の世代に残したくありません。先人たちが守ってきた平和な環境と生活を支えてくれる宝の海を、未来の世代に引き継ぎたいのです」と古賀さんは、原告全員に共通する思いを語る。

こうした思いに連帯しようと、二〇二四年七月二九日、佐賀(一八〇人)・福岡(五五人)・長崎(七人)・大分(一人)・山口(一人)・広島(一人)の各県住民二四五人が原告となって、「オスプレイ裁判・市民原告訴訟」(以下、市民原告訴訟)を佐賀地裁に提訴した。憲法が保障する人格権にもとづき、自衛隊佐賀駐屯地の建設工事の差し止めを求めている。

訴状では、駐屯地が建設されてオスプレイなどが配備されれば、重要な軍事拠点として戦時に相手国からの攻撃目標になることから、市民原告らが「戦争に巻き込まれる被害は切迫している」状況にあるとの主張が述べられている。

また、戦争が発生しなくても、駐屯地にオスプレイやヘリコプターが配備されれば、昼夜を問わず訓練がおこなわれ、墜落、部品落下などの事故による「生命・身体に対する直接の被害はもとより、家屋や自動車などの財産的被害、燃料など油の流出による環境被害など甚大な被害が生じる」おそれがあり、騒音や低周波音による「睡眠妨害、頭痛、耳鳴りなどの健康被害、生活音が聞き取れないなどの生活妨害、精神的苦痛などの被害が生じる」ことが想定されるとしている。そのうえで、「このような生命を守り生活を維持するという人格権の根幹部分に対する具体的侵害のおそれがあるとき」は、人格権にもとづいてその「侵害行為の差し止めを請求できる」と訴えている。

こうして前出の地権者四人の裁判と市民原告の裁判は併合されて審理されることになった。市民原告訴訟が加わり、訴えの輪がひろがる意義を、弁護団の東島弁護士は差止訴訟の第一回口頭弁論での意見陳述においてこのように説いていた。

「駐屯地建設は、地権者や漁業者だけの問題ではなく、佐賀平野やその周辺に生きるすべての市民、ひいては日本に居住する人びとに密接に関係する問題」であり、それが「広範な人びとの人格権（生命・身体を中心としつつも、生活環境・生業・地域・家族関係などの生活利益の総体）を侵害する」ことを、広く明らかにすることにつながる。

市民原告訴訟の原告で、駐屯地が造られている地元・佐賀市川副町に住む下村信広さん（七四）は、「将来、子や孫に何を残していくかは私たちの責任。基地建設にストップをかけないといけない」と、提訴にかける思いを述べている（『朝日新聞』二〇二四年七月三〇日朝刊）。

抑止力の名のもと軍事力一辺倒で、対話と信頼醸成の外交努力をなおざりにした「安保三文書」の軍拡路線。それは東アジアの軍拡競争を過熱させ、かえって戦争のリスクを高め、「安全保障のジレンマ」を招く。

台湾有事を煽って武器輸出で儲けるアメリカの軍産学複合体、「ミサイル特需」など軍需景気を期待してうごめき始めた日本版軍産学複合体。このような有事を煽り、戦争を欲する構造にからめとられて、軍事優先に踏み迷う社会を未来の世代に残してしまってもいいのか、いま問われている。

第6章　有事体制に組み込まれる自治体
——空港・港湾の軍事利用にどう抗するか

大分空港に着陸し，民間機の近くで機体点検をする自衛隊 F2 戦闘機

大軍拡と空港・港湾の軍事利用

「安保三文書」による軍事優先の国策は、新たな〝総動員体制〟を築こうとしている。その端的な表れが、自衛隊と米軍による沖縄、九州をはじめ日本各地の空港・港湾など、公共インフラの軍事利用の推進である。全国に軍事拠点を増やす企てだ。それは自治体(地方公共団体)や民間に対し、軍事への協力を事実上強いることにつながる。

「国家安全保障戦略」は、「総合的な防衛体制の強化の一環」として、「自衛隊・海上保安庁による国民保護への対応、平素の訓練、有事の際の展開等を目的とした円滑な利用・配備」のため、「自衛隊・海上保安庁のニーズに基づき、空港・港湾等の公共インフラの整備や機能を強化する政府横断的な仕組みを創設する」と謳っている。

そして、「自衛隊、米軍等の円滑な活動の確保」のため「民間施設等の自衛隊、米軍等の使用に関する関係者・団体との調整」を進めるという。「有事の際の対応も見据えた空港・港湾の平素からの利活用に関するルール」を作り、「地方公共団体、住民等の協力を得つつ、推進する」としていることから、有事＝戦争での活用も視野に、自衛隊だけでなく米軍もふくめた平素からの軍事利用が推進されるにちがいない。「防衛力整備計画」でも、「特に南西地域における空港・港湾等を整備・強化する施策に取り組むとともに、既存の空港・港湾等を運用基盤として使用するために必要な措置を講じる」と掲げている。

沖縄・九州・四国といった南西地域の民間空港・港湾の軍事利用と、そのための施設整備に力をそそぐというのである。戦闘機や大型輸送機の離着陸に好都合な滑走路の延長、自衛隊の大型艦船が接岸するための岸壁延長、航路の水深を増すために海底の土砂などを掘り下げる浚《しゅん》渫《せつ》などの工事を進めるのであろう。アメリカの対中国軍事戦略に追随して、米軍と自衛隊の共同作戦態勢を整える計画いわゆる「南西シフト」の一環である。

軍民両用と有事の部隊展開の狙い

これらを具体化するために政府が打ち出した政策がある。「総合的な防衛体制の強化に資する公共インフラ整備」である。内閣官房のホームページに掲載されている資料「総合的な防衛体制の強化に資する取組について（公共インフラ整備）」（以下、「防衛体制の強化取組について」）と、その「Q＆A」（国家安全保障局作成）は、その趣旨を次のように述べている。

「南西諸島を中心としつつ、その他の地域においても、自衛隊・海上保安庁が、平時から必要な空港・港湾を円滑に利用できる」ように、空港・港湾の「管理者（地方公共団体等）」との間で「円滑な利用に関する枠組み」を設ける。そのうえで、それら空港・港湾を「特定利用空港・港湾」に指定する。そして、「民生利用を主としつつ、自衛隊・海上保安庁の航空機・船舶の円滑な利用にも資するよう、必要な整備や既存事業」を促進する。

「民生利用を主とし」というが、今後、多額の予算をつけて「空港の滑走路延長・エプロン整備や港湾の岸壁・航路の整備」のために工事をおこなうのは、自衛隊が有事=戦時の「状況に応じて必要な部隊を迅速に機動展開」するため、基地だけでなく民間の空港・港湾も活用することを狙っているからにちがいない。基地がミサイルなどで攻撃され、使えなくなる場合への備えでもある。なおエプロンとは、空港で乗客の乗り降りや貨物の積みおろしのため航空機が停留する区域を指す。

「防衛体制の強化取組について」には、「有事のみならず平時においても円滑な利用を確保する」と書かれている。前出の「国家安全保障戦略」でその必要性が強調されていた、「有事の際の対応も見据えた空港・港湾の平素からの利活用に関するルール作り」という記述も、参考として付記されている。要するに、戦争に備えて平時から民間の空港や港湾でも、自衛隊の航空機や艦艇が訓練を積むための「ルール作り」なのである。

こうした方針にもとづき、政府は全国各地の一四の空港と二四の港湾を「特定利用空港・港湾」の候補地として選定した。『朝日新聞』（二〇二三年一一月二七日朝刊）の記事「38空港・港、防衛力強化」は、未公表の候補地が政府関係者への取材でわかったとして次のように列記した。

沖縄県　那覇空港、宮古空港、下地島《しもじしま》空港、新石垣空港、与那国空港、波照間空港、久米島空港、那覇港、中城《なかぐすく》湾港、平良《ひらら》港、石垣港、与那国新港

鹿児島県　鹿児島空港、徳之島空港、鹿児島港、志布志《しぶし》港、川内港、西之表港、名瀬港、和《わ》泊《どまり》港

宮崎県　宮崎空港

熊本県　熊本空港、熊本港、八代港

長崎県　福江空港、長崎空港

福岡県　北九州空港、博多港

高知県　高知港、宿毛《すくも》湾港、須崎港

香川県　高松港

福井県　敦賀港

北海道　室蘭港、苫小牧港、釧路港、留萌《るもい》港、石狩湾新港

沖縄と九州と四国に集中しているのは、前述の「南西シフト」と関係しているからだ。台湾有事に在日米軍が軍事介入し、それを自衛隊が支援することで日本も戦争に巻き込まれ、沖縄から九州にかけての南西諸島が戦場と化すのを想定しているのだろう。九州と四国は補給などの兵站拠点と増援部隊の進発地という位置づけだが、九州の基地も攻撃態勢に組み込まれるとみられる。北海道の港がふくまれているのは、道内の陸上自衛隊部隊が増援に向かうためである。ただ、戦場が南西諸島に限定されるとは思えず、戦禍は全国各地に及ぶにちがいない。

「特定利用空港・港湾」の指定

政府は「特定利用空港・港湾」の候補地を公表しないまま、関係自治体に水面下で説明を進めた。二〇二三年九～一一月に二九の自治体や管理組合に対し、防衛省、国土交通省、内閣官房の担当者が訪問して説明をおこなった(『しんぶん赤旗』二〇二三年一二月八日)。

政府は自治体への説明に際して、空港・港湾のインフラ整備は、軍民両用(デュアルユース)のメリットがあり、空港の滑走路延長で大型旅客機の、港湾の整備で大型クルーズ船の受け入れも可能となって、「観光客の増加につながる」などの「経済効果」という「アメ」を用いたといわれる（『朝日新聞』二〇二三年一一月二七日朝刊）。

政府は二〇二三年度末の二四年三月末までに関係自治体・管理組合との交渉をまとめ、「特定利用空港・港湾」の指定に踏み切ろうとした。しかし、空港・港湾の軍事利用を認めるということは、戦時にミサイルなどによる攻撃対象となり、地域住民が戦禍を被るリスクを背負うことでもある。それなのに政府は「特定利用空港・港湾」の候補地を公表せず、住民に向けて計画の詳しい内容も知らせなかった。二〇二三年度末近くの二四年三月五日になって、やっと簡単な「Q＆A」をホームページにアップしただけで、性急に事を進めた。

そして政府は二〇二四年四月一日、「特定利用空港・港湾」として次のとおり七道県一六カ所を指定した。二四年度から整備の工事などを始める計画だ。初年度の予算として計三七〇億円が計上された。なお（　）内はそれぞれの空港・港湾の管理者である。

空港　福岡県の北九州空港（国）、長崎県の長崎空港（国）と福江空港（長崎県）、宮崎県の宮崎空港（国）、沖縄県の那覇空港（国）

港湾　北海道の室蘭港（室蘭市）、釧路港（釧路市）、留萌港（留萌市）、苫小牧港（管理組合）、石狩湾新港（管理組合）、香川県の高松港（香川県）、高知県の高知港（高知県）、宿毛湾港

（高知県）、須崎港（高知県）、福岡県の博多港（福岡市）、沖縄県の石垣港（石垣市）

前出の「特定利用空港・港湾」の候補地三八カ所のうち一六カ所が指定されたわけだが、他の候補地については自治体からの理解が得られず、交渉がまとまらなかったようだ。候補地が多かった沖縄県と鹿児島県で、実際に指定されたのは沖縄県でのわずか二カ所だった。

玉城デニー沖縄県知事は「整備後の運用など不明な点がある」とコメントし、鹿児島、熊本、福井の各県は「国による関係市町への説明不足」などと了解しなかった理由を示した（『東京新聞』二〇二四年四月二日朝刊）。有事すなわち戦争になったときに、空港や港湾がミサイルなどの標的にされかねないことへの懸念も、それらの自治体が「特定利用空港・港湾」の受け入れに応じなかった理由のひとつではないか。

しかしその後、政府の再三の働きかけを受けて、鹿児島、熊本、福井の各県は受け入れを決めた。二〇二四年八月二六日、鹿児島空港（国）、徳之島空港（鹿児島県）、鹿児島港（鹿児島県）、名瀬港（鹿児島県）、和泊港（鹿児島県）、西之表港（鹿児島県）、志布志港（鹿児島県）、川内港（鹿児島県）、熊本空港（国）、熊本港（熊本県）、八代港（熊本県）、敦賀港（福井県）の三県一二施設が、「特定利用空港・港湾」に追加指定された。（ ）内はやはり各空港・港湾の管理者である。

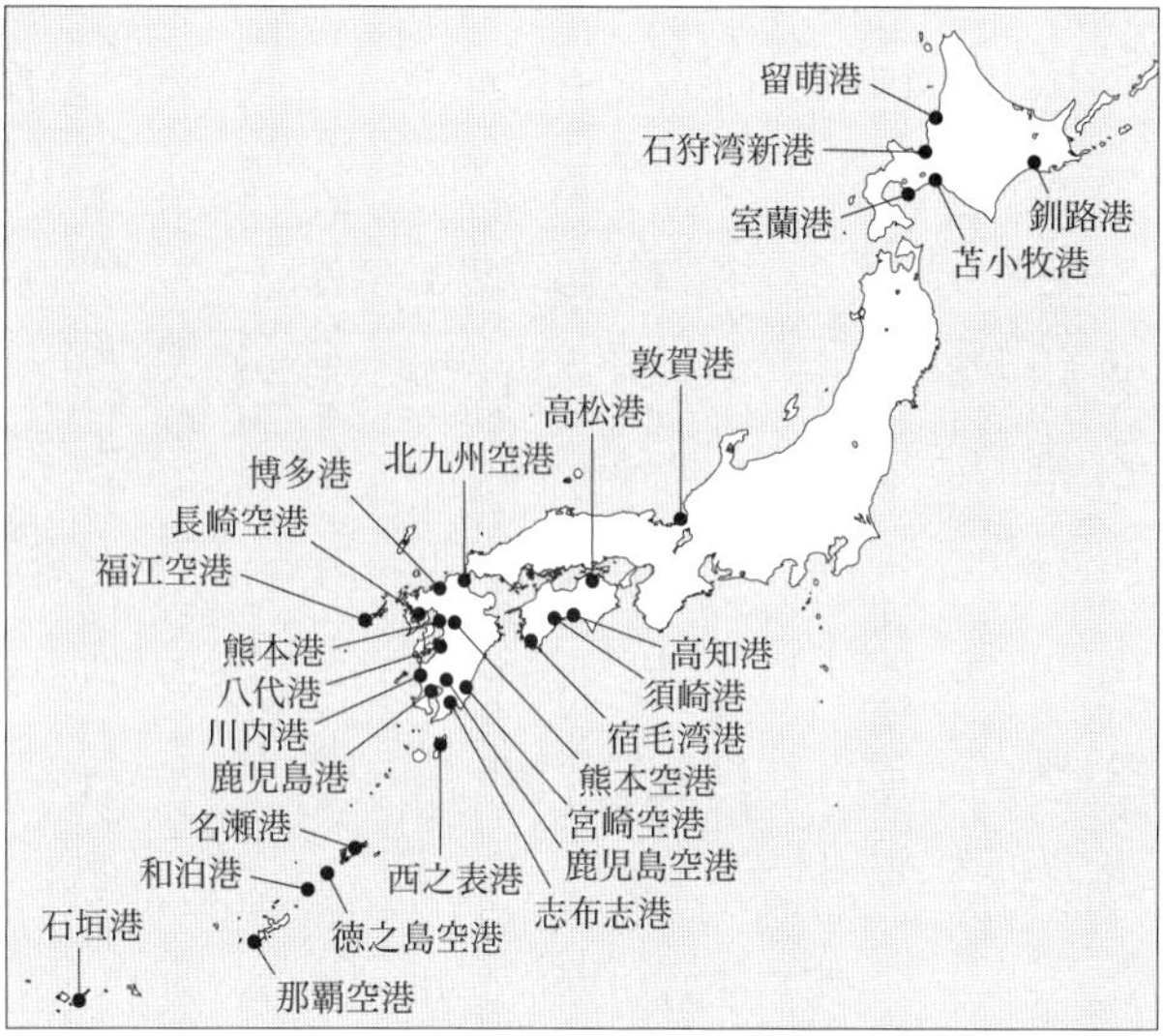

図 6-1　特定利用空港・港湾の略図

軍事利用の既成事実づくり

内閣府の「防衛体制の強化取組について」は、「有事のみならず平時においても円滑な利用を確保する」こと、すなわち空港・港湾を平素からの訓練にも使用するとしている。前出の「Q&A」では具体的な訓練内容として、自衛隊の戦闘機や輸送機の離着陸、各種器材と人員の空港での展開（機体整備や燃料補給など）、部隊の輸送艦乗船・下船、護衛艦の離岸・接岸などをあげている。

なぜ平素からの訓練が必要かは次のように説明している。「空港・港湾はそれぞれに異なる特性」があり、「航空機の離着陸や船舶の離岸・接岸」は、「空港・港湾ごとの構造や気象」から大きな影響を受けるため、「平素からそれぞれの特性に習熟しておくことが重要」である。

それはむろん有事に備えてのことだ。「Q＆A」では、有事に備えた輸送機や輸送艦による国民保護のための訓練もおこなうというが、有事という戦争での緊急事態には、当然、自衛隊の部隊も空港・港湾を使用するわけで、軍民共用の空港・港湾は攻撃対象となる。国民保護の輸送が安全に実施できるとはとうてい考えられない。

また、平時の自衛隊の訓練や有事の際の部隊展開は、「特定利用空港・港湾」に限らない点にも注意を払う必要がある。「Q＆A」は、「「特定利用空港・港湾」以外の空港・港湾を利用することもあります」と明記している。政府は日本全国の空港・港湾を必要に応じてどこでも、平時から有事まで切れ目なく軍事利用できるよう企図しているとみられる。

実際、二〇二三年一一月一〇〜二〇日の陸・海・空自衛隊約三万人と米軍約一万人による、全国各地での大規模な「自衛隊統合演習」では、初めて民間空港での自衛隊戦闘機の訓練が次の四カ所でおこなわれた。軍事利用の既成事実づくりといえる。

大分空港と岡山空港では、福岡県の航空自衛隊築城《ついき》基地がミサイルなどで攻撃を受けて使えなくなったとの想定で、Ｆ２戦闘機四機の離着陸と機体点検と燃料補給の訓練が実施された。

私は大分空港での訓練を目撃した（二〇二三年一一月一三日）。

四国沖の自衛隊と米軍の訓練空域での訓練飛行を終えたＦ２戦闘機四機は、全日空機など民間航空機が離着陸するあいまをぬって、轟音を響かせながら着陸し、旅客ターミナル近くの駐機場に次々と停まった。青と灰色の迷彩色の機体、鋭く尖った機首、日の丸マークの、民間空港では見慣れぬ戦闘機。強力な破壊力を秘めた兵器そのものの姿は威圧的であり、異様に映る。ヘルメットに搭乗服姿のパイロットが降りると、築城基地から来て待機中の迷彩服の自衛隊員らが機体点検をおこなう。普段は民間機に給油する空港内の給油業者のタンクローリーが、戦闘機に横づけしてホースを延ばし燃料を補給する。着陸からおよそ二時間後、離陸する日航機に続いて滑走路に向かった戦闘機は、ふたたび爆音を轟かせ、次々と築城基地に向かって飛び立った。

大分空港を離陸して築城基地に向かう自衛隊F2戦闘機

鹿児島県の奄美空港と徳之島空港では、空自那覇基地がやはり攻撃されて使用不能になったとの想定で、Ｆ15戦闘機四機のタッチ・アンド・ゴーの訓練が実施された。徳之島空港ではＣ２輸送機による部隊輸送の訓練もおこなわれた。

住民の犠牲も織り込みずみの空港・港湾利用

この「自衛隊統合演習」ではさらに、部隊の機動展開訓練として、北海道の陸上自衛隊美幌《びほろ》駐屯地から釧路港に公道を走行した16式機動戦闘車(MCV)を、防衛省がチャーターした民間船で大分港に運び、そこから空自築城基地へやはり公道を走行した同機動戦闘車をC2輸送機で空自那覇基地に運ぶという、陸・海・空にまたがる長距離輸送訓練も実施した。沖縄県の中城湾港にも陸自部隊の人員と車両を積んだチャーター民間船が入港した。

二〇二三年一〇月の陸上自衛隊と米海兵隊による国内では最大規模の共同訓練「レゾリュート・ドラゴン23」でも、戦闘での負傷者の後方搬送訓練として、沖縄県の新石垣空港に陸自の輸送機オスプレイが着陸し、熊本県の陸自高遊原《たかゆうばる》分屯地へと離陸した。

二〇二四年一〇月二三日～一一月一日の日米共同統合演習「キーン・ソード25」でも、本書の「はじめに」で述べたように、民間の空港一二カ所、港湾二〇カ所を、自衛隊と米軍が軍事利用した。そのうち「特定利用空港・港湾」は、北九州・長崎・福江・熊本・宮崎・徳之島・那覇の各空港(計七カ所)、苫小牧・釧路・鹿児島・和泊・名瀬・石垣の各港湾(計六カ所)である。

自衛隊基地が攻撃され使用不能になった事態を想定し、自衛隊機の民間空港への退避訓練として北九州・長崎・福江・熊本・宮崎・奄美・徳之島の各空港で戦闘機などの離着陸訓練などがおこなわれた。自衛隊と米軍は「特定空港・港湾」に指定されていない新石垣空港や与那国空港でも各種訓練をした。

このように自衛隊と米軍は民間空港・港湾・公道での訓練・演習を積み重ねている。しかも、民間空港での戦闘機による訓練など、訓練・演習内容はエスカレートしている。規模も拡大し、利用する空港・港湾も増えている。日本全国の空港・港湾の軍事利用に向けた既成事実づくり、地ならしが進む。

築城基地のある福岡県築上町《ちくじょうまち》に住む元酪農家で、反基地運動を続ける市民団体「平和といのちをみつめる会」の渡辺ひろ子さん(七六)は、民間空港・港湾の自衛隊による軍事利用について、その危うい本質をこう見抜く。

「大分空港の場合、築城基地が攻撃されて使用不能になったときを想定しての訓練というが、そのとき築城基地のまわりの住民はどうなっているのか。防衛省・自衛隊はどう考えているのか――。住民が戦火に巻き込まれて被害を受けることもきっと想定しているはずです。「安保三文書」にもとづく自衛隊基地の強靭化計画では、ミサイル攻撃に耐えられるよう司令部など主要施設の地下化が進められますが、築城基地もふくまれています。基地周辺は焼け野原になっても、司令部だけは生き残る計画です。それでいいのでしょうか。住民の犠牲を織り込んだ戦争計画を立てているわけです。こんなおかしなことはありません」

そして、空港・港湾の軍事利用に込められたさらなる狙いを推察する。

「二〇二二年一一月の日米共同統合演習「キーン・ソード23」では、沖縄の与那国島の公道を初めて自衛隊の16式機動戦闘車が走りました。それは熊本県の北熊本駐屯地から築城基地まで高速道路をふくむ公道を走り、築城基地からC2輸送機で与那国空港に空輸されたものです。このように戦闘車が公道を走る姿を、さらに民間空港で戦闘機や輸送機が離着陸する姿を繰り返し見せることで、国民の目に慣らしていく、軍事利用を日常の光景化していく狙いがあるのではないでしょうか」

確かに空港・港湾や公道の軍事利用には、自衛隊と米軍の公共インフラの利用は有事に備えるためにはあたりまえ、自治体と住民が理解と協力を示すのは当然といった意識、いわば臨戦意識を日本社会に浸透させてゆく狙いも秘められていると思われる。

下地島空港の軍事利用を認めない沖縄県

このような既成事実づくり、地ならしを踏まえて出てきたのが、「特定利用空港・港湾」を指定して平時・有事の軍事利用を図る、「総合的な防衛体制の強化に資する公共インフラ整備」政策である。前出の内閣官房のホームページの「Q＆A」では、政府と自治体などインフラ管理者との間で「円滑な利用に関する枠組み」（双方の確認事項の合意文書で、高知県のホームページには「高知港・須崎港・宿毛湾港における港湾施設の円滑な利用に関する確認事項」という文書が掲載されている）を設ける必要性について、次のような説明がされている。

「これまで、自衛隊・海上保安庁が、民間の空港・港湾を利用する際には、必要な時にその都度調整を行っていましたが、インフラ管理者との間であらかじめ利用調整の枠組みを設け、円滑に調整できるようにしておくことで、これまで以上に円滑な利用が可能となります」

自治体が管理する空港の場合、自衛隊や米軍は空港を管理する自治体の条例にもとづいて使用届を提出し、受理されなければならない。使用についての調整権限は、管理者である自治体にあり、国土交通省航空局によれば「状況により、使用できない場合もある」という（『東京新聞』二〇二三年一月二八日朝刊）。

自治体が管理する港湾の場合も同様で、港湾法にもとづく各自治体の港湾管理条例に従い、自衛隊や米軍は使用の申請をして許可を得なければならない。

だから、自衛隊が空港・港湾を利用する際に、インフラ管理者である自治体と「その都度調整」をおこなってきたのである。しかし、調整がうまくいかず、利用できなかったケースもある。前出の「Q&A」にも、こう書かれている。

「空港については、これまで災害派遣や防災訓練等でしか利用できていないものや、利用を断られた事例があるほか、港湾についても、入港に必要な調整を円滑に行うことができず、入港を断念した事例があります」

たとえば、二〇二二年一二月の空自のアクロバット飛行チーム「ブルーインパルス」による宮古島上空での展示飛行に際し、自衛隊側は当初、沖縄県が管理する宮古島市の下地島空港での給油を希望していたが、沖縄県側が「軍事利用につながる」として認めなかった。そのため自衛隊機は宮古空港を使用した(『産経新聞』オンライン版、二〇二三年一二月一一日)。

下地島空港は「特定利用空港・港湾」の候補地にもあがったところで、戦闘機や大型輸送機の運用に好都合な三〇〇〇メートルの滑走路を有する。台湾や尖閣諸島にも近い。沖縄県内で三〇〇〇メートル級の滑走路があるのは、下地島空港のほかに、空自那覇基地が隣接し自衛隊機と民間航空機が共用する那覇空港と米空軍嘉手納基地だけである。

防衛省・自衛隊は台湾有事などの事態を想定し、以前から下地島空港を訓練や給油などのために使用したい意向を持っていた。しかし、沖縄県は原則として下地島空港の軍事利用を認めていない。

玉城デニー知事は二〇二三年一月二四日の記者会見でも、「安保三文書」が自衛隊による民間空港・港湾の使用を想定したインフラ整備を掲げている点と関連して、「抑止力の強化のみではかえって地域の緊張を高める」と指摘したうえで、下地島空港について「民間機の運用に徹するよう要請していきたい」と強調している（『読売新聞』二〇二三年二月二日朝刊）。

軍事利用を防ぐ「屋良覚書」

下地島空港の軍事利用を拒む沖縄県の姿勢の根本にあるのが「屋良《やら》覚書」である。それは、沖縄がアメリカの施政権下にあった一九七一年に、当時の琉球政府と日本政府が、下地島空港を民間機以外には使用させないこと、すなわち軍事利用を認めないことを合意した文書だ。琉球政府行政主席で、後に初代沖縄県知事となった屋良朝苗《ちょうびょう》氏の名に由来する。

二〇二三年一月一三日に沖縄駐留の米海兵隊が普天間基地所属の大型輸送ヘリなどの訓練のため、下地島空港の使用届を沖縄県に提出した際も、県は米海兵隊に対し「屋良覚書」を示して、「緊急時以外の下地島空港の使用を自粛するよう強く要請」して、使用を認めなかった。

米海兵隊は結局、下地島空港の使用を見送った(『しんぶん赤旗』二〇二三年一月一九日)。「屋良覚書」が下地島空港の軍事利用を防ぐ根拠として有効性を保っていることを、あらためて証明する結果となった。だが、このような沖縄県の姿勢に対して、政府・与党内からは不満の声が以前からあがっていた。たとえば自民党国防議員連盟は二〇二〇年に、自衛隊による下地島空港の使用を求める提言を政府に提出していた。

二〇二三年一月に下地島空港を視察した同議員連盟の事務局長、佐藤正久参院議員はツイッター(現・X)で「県管理ではなく国管理にしたら」と発信し、その直後、当時の浜田靖一防衛大臣も記者会見で、下地島空港の「防衛利用」について、「我が国の防衛上、多様な空港の運用が重要だ」とふくみをもたせる発言をした(『読売新聞』二〇二三年二月二日朝刊)。

こうした政府・与党の意向も反映されたうえで、下地島空港も「特定利用空港・港湾」の候補地にあげられたと考えられる。「特定利用空港・港湾」に指定されれば、自衛隊が利用したい場合、管理者である沖縄県との間で円滑な調整を可能にする根拠となり、利用しやすくなるという計算もあったのではないか。

前出の内閣官房のホームページの「Q&A」は、政府と自治体など「特定利用空港・港湾」の管理者が合意する「円滑な利用に関する枠組み」について、「港湾法や空港法等の既存の法令に基づき、関係者間で連携し、自衛隊・海上保安庁による柔軟かつ迅速な施設の利用について調整するための枠組み」だと説明している。平時から有事まで切れ目なく、関係者間の連携と調整による「迅速な施設の利用」のための枠組みを合意することが、「特定利用空港・港湾」指定の目的なのである。

しかし、沖縄県は「特定利用空港・港湾」指定に応じなかった。その背景には「屋良覚書」の存在もあったにちがいない。今後、沖縄県に対して政府・与党から何らかのかたちで圧力がかけられるおそれもある。

平時から戦時まで切れ目なく

この「円滑な利用に関する枠組み」の具体的な内容について参考になるのが、前出の高知県のホームページに載っている「高知港・須崎港・宿毛湾港における港湾施設の円滑な利用に関する確認事項」(以下、「確認事項」)という文書である。二〇二四年四月一日付で、国と高知県が「特定利用空港・港湾」について確認、合意したものだ。国土交通省四国地方整備局次長、海上保安庁第五管区海上保安本部長、防衛省中国四国防衛局長、高知県知事の連名の文書である。

そこには、「港湾管理者は、平素において自衛隊・海上保安庁の運用や訓練等による港湾施設の円滑な利用について、港湾法その他の関係法令等を踏まえ、適切に対応する」と記されている。つまり、自衛隊や海上保安庁による港湾の利用について、管理者の自治体が「適切に対応する」ことで「円滑な利用」がしやすくなるという合意が、国(国土交通省・防衛省・海上保安庁)と自治体の間で交わされるのである。

また、有事における利用について、自衛隊・海上保安庁と港湾管理者は、「国民の生命・財産を守る上で緊急性が高い場合」と、「艦船の航行の安全を確保する上で緊急性が高い場合」において、「港湾施設を利用する合理的な理由があると認められるときには、民生利用に配慮しつつ、緊密に連携しながら、自衛隊・海上保安庁が柔軟かつ迅速に施設を利用できるよう努める」と記されている。やはり関係者間の連携と調整により「迅速な施設の利用」がしやすくなる合意を交わすのである。

この「確認事項」の「緊急性が高い場合」について、高知県が事前に政府側に説明を求めたところ、内閣官房・国土交通省・防衛省から届いた回答文書(高知県のホームページ)では、「大規模災害や北朝鮮による弾道ミサイル技術を使用した発射」への対応といった具体的な事例が示された。

ただし、日本が外部から武力攻撃を受ける「武力攻撃事態」と、その危険が切迫している

「武力攻撃予測事態」は、「緊急性が高い場合」からは除くと、「確認事項」には付記されている。この二つの事態には有事法制のひとつである特定公共施設利用法が適用されることが、前出の「Q&A」に記されている。

同法は「武力攻撃事態」と「武力攻撃予測事態」において、政府が自治体など空港・港湾の管理者に対し、自衛隊や米軍などの外国軍隊による優先的使用を「要請」できる仕組みを定めている。自治体などが「要請」に応じない場合は、総理大臣の権限でより効力の強い「指示」を出せる規定がある。ただ「指示」に自治体の港湾管理権を奪うような強制力まであるわけではない。

なお特定公共施設利用法にもとづく「特定公共施設」は、「特定利用空港・港湾」に限定されるわけではなく、同法が適用される際に、あらためて政府が定めるようになっている。状況に応じて、より広い範囲で多くの空港・港湾が利用されるとみられる。

一方で、この「緊急性が高い場合」に、「武力攻撃事態」と「武力攻撃予測事態」以外の有事である「存立危機事態」や「重要影響事態」はふくまれるのか、ふくまれる場合には「港湾法等の既存法令に基づき、利用調整を行う」のかという高知県からの質問には、「相違ありません」と、肯定する回答がなされている。

つまり、「存立危機事態」(「我が国と密接な関係にある他国に対する武力攻撃が発生し、これにより我が国の存立が脅かされ、国民の生命、自由及び幸福追求の権利が根底から覆される明白な危険がある事態」事態対処法第二条四)で、日本が武力攻撃されていなくても集団的自衛権の行使によりアメリカの戦争に協力して、自衛隊が米軍とともに戦うケースも、「緊急性が高い場合」にふくまれ、「特定利用空港・港湾」が軍事利用されることになる。

また、「重要影響事態」(「そのまま放置すれば我が国に対する直接の武力攻撃に至るおそれのある事態等我が国の平和及び安全に重要な影響を与える事態」重要影響事態法第一条)という、日本に直接関係のない海外での紛争に軍事介入した米軍に自衛隊が輸送・補給などの支援をするケースも、やはり「緊急性が高い場合」にふくまれ、「特定利用空港・港湾」が軍事利用されることになる。この「重要影響事態」として具体的に想定されているのが、台湾有事と朝鮮半島有事であることは言うまでもない。

このように「特定利用空港・港湾」の指定により、平時から「存立危機事態」や「重要影響事態」といった有事=戦時にまで切れ目なく、国と自治体などインフラ管理者との間の連携と調整を通じて、自衛隊や海上保安庁が空港・港湾を円滑・迅速に利用しやすくなる仕組みが整うのである。

さらに「武力攻撃予測事態」や「武力攻撃事態」にまでエスカレートした場合は、特定公共施設利用法にもとづき自衛隊や米軍による優先的使用の仕組みが適用される。まさに自治体を戦争に備えた有事体制に組み込む動きが進んでいる。戦争準備の一環である。

民間空港・港湾の軍事利用は、軍事拠点化につながる。有事＝戦時には攻撃を受け、地域住民が戦禍に巻き込まれる危険性が増す。住民の犠牲も織り込みずみの一種の棄民政策といえる。

米軍による空港・港湾の軍事利用

内閣官房のホームページの「Q＆A」では、「特定利用空港・港湾」を米軍も使用することになるのではないかという点については、防衛省など「関係省庁」と自治体など「インフラ管理者」との間で設けられる「円滑な利用に関する枠組み」に、米軍が「参加することはありません」と説明されている。

しかし、言葉どおりには受けとれない。この「総合的な防衛体制の強化に資する公共インフラ整備」計画の大本である「安保三文書」の「国家安全保障戦略」には、「自衛隊、米軍等の円滑な活動の確保」のため「民間施設等の自衛隊、米軍等の使用に関する関係者・団体との調整」を進めると明記されているのである。

さらに、「安保三文書」が閣議決定された直後の二〇二三年一月一一日（日本時間一二日）の日米安全保障協議委員会（一二〇ページ参照）の共同声明にも、自衛隊や米軍による使用を前提に、「空港及び港湾の柔軟な使用〔中略〕を可能にするために、演習や検討作業を通じて協力」することが盛り込まれた。それを早速実行するかのごとく、米海兵隊は下地島空港での訓練を計画し、同年一月一三日に空港使用届を沖縄県に提出したのだった。既成事実づくりを狙ったのである。

「特定利用空港・港湾」に指定され、自衛隊や海上保安庁の平素からの訓練が始まれば、やがて米軍の航空機や艦船による訓練もなしくずし的に始まるのではないか。台湾有事などを想定した「重要影響事態」、集団的自衛権が行使される「存立危機事態」などの有事でも、米軍が使用するにちがいない。

米軍は台湾有事で嘉手納基地、普天間基地、岩国基地などの飛行場が、中国のミサイル攻撃を受けた場合を想定し、戦闘機や輸送機などを日本各地の民間空港に分散させて、軍事利用することを考えている。また横須賀基地や佐世保基地などの軍港が攻撃された場合も想定し、民間港の利用を図っている。

米軍はこれまでも日本各地の民間空港・港湾の軍事利用の既成事実を積み上げてきた。近年は九州・沖縄など南西地域の空港の軍事利用が目立つ。『しんぶん赤旗』(二〇二三年一月三〇日)の記事によると、国土交通省の資料から二〇一二〜二一年の米軍機の九州・沖縄の空港への着陸は、二〇三四回。同期間の日本全国の空港への米軍機の着陸回数合計の約七割にものぼる。

そのうち九州・沖縄の空港への着陸が最多だった二〇二〇年は二六九回で、全体の約九割に達した。二一年に着陸回数が全国最多だったのは福岡空港の七一回で、続いて長崎空港が六一回、奄美空港が四三回。これら三つの空港は毎年上位を占める。米軍は輸送、給油、緊急着陸時の点検・整備などのために各地の空港を利用している。

さらに二〇二三年の米軍機の民間空港への着陸回数は、過去最多の四五三回で、そのうち約八割が九州・沖縄に集中している(『しんぶん赤旗』二〇二四年四月二一日)。

また港湾のほうも、米軍は過去に北海道の小樽・石狩新・室蘭・苫小牧・函館、青森県の青森・八戸、秋田県の秋田、山形県の酒田、宮城県の仙台、新潟県の新潟、東京、静岡県の下田・静岡、愛知県の名古屋、京都府の舞鶴、和歌山県の和歌山下津、大阪、兵庫県の姫路、鳥取県の境港、広島県の呉、山口県の徳山・下関、徳島県の小松島、香川県の高松、高知県の宿毛、福岡県の博多、長崎県の長崎、大分県の大分、宮崎県の宮崎、鹿児島県の鹿児島、沖縄県の伊江(伊江島)・石垣(石垣島)・平良(宮古島)・祖納《そない》(与那国島)などの各港を使用してきた。なかには複数回入港したところもある(非核市民宣言運動・ヨコスカ/ヨコスカ平和船団編著『本部《もとぶ》港の軍事使用を画策する米海兵隊』二〇二〇年)。

自治体は空港・港湾の軍事利用を拒否できる

しかし、米軍が好き勝手に民間空港・港湾を利用できるわけではない。沖縄県が米海兵隊の下地島空港の使用を認めなかったように、空港・港湾の管理権を持つ自治体は米軍による軍事利用を拒否できる立場にある。

ほかにこれまでも、米軍に対して北海道帯広市が二〇〇〇年に帯広空港の使用を、青森県が〇七年に青森空港の使用を認めなかった事例がある。港湾についても、米軍に対して富山県が一九八五年に富山新港の使用を、横浜市が九八年に横浜港の使用を、福岡市が二〇〇〇年に博多港の使用を、北海道苫小牧市が〇一年に苫小牧港の使用を認めなかったなどの事例がある。

ただ、このような事例は少ないのが現実だ。その背景には外務省はじめ日本政府が、「日米地位協定第五条により米軍の船舶や航空機は日本の港湾や空港に出入りする権利がある」という見解を自治体に対して示していることがある。

「しかし、地位協定第五条はあくまでも、米軍の船舶や航空機は日本の港湾や空港に、入港料や着陸料を課されずに出入りできるという規定であって、いつでもどこでも自由に出入りできる権利まで認めているわけではありません」

そう注意をうながすのは、米軍による民間空港・港湾の利用問題に詳しい、市民団体「非核市民宣言運動・ヨコスカ／ヨコスカ平和船団」の新倉裕史さん(七六)だ。

確かに空港の場合、米軍もそのつど空港を管理する自治体の空港管理条例などにもとづき、使用の届出をし、受理されなければならない。前述の下地島空港の場合、沖縄県は届出を受理せず、使用を認めなかった。

外務省が言うように、米軍の船舶や航空機は地位協定第五条により日本の港や空港に出入りできる権利があるのなら、そもそも米海兵隊は下地島空港を使用するため、沖縄県への届出・受理という手続きに従う必要はなかったはずである。

港湾の場合も、自治体の港湾管理条例などにもとづき、米軍はそのつど自治体に申請をし、許可を得なければならない。「その根本には、港湾法にもとづく自治体の港湾管理権があるからだ」と新倉さんは強調する。

「一九五〇年に制定された港湾法は、戦前・戦中、港湾が国家の管理下で軍港として利用され、侵略戦争の出撃拠点となったことへの反省から、戦後、港湾行政の民主化と地方自治の理念にもとづき港湾管理権を国家にではなく、自治体にゆだねたのです」

その自治体の港湾管理権を支えにしてつくられたのが「非核神戸方式」だ。神戸市会は一九七五年三月一八日、「国際商業貿易港」として「平和な港でなければならない」神戸港に、もしも核兵器が持ち込まれたら「港湾機能の阻害はもとより、市民の不安と混乱」を引き起こす、という理由から、全会一致で「核兵器積載艦艇の神戸港入港拒否に関する決議」をした。

以後、それにもとづき神戸市長は港湾管理事務のひとつとして、入港する外国艦船すべてに「非核証明書」の提出を求める行政指導をしている。米軍は核抑止戦略から個別艦船の核兵器積載の有無を明示しないため、結果的に米軍艦は四九年間、神戸港に入港していない。

したがって、外務省はじめ日本政府が、地位協定第五条により米軍の船舶や航空機は日本の港や空港に出入りする権利があると主張しているのは、拡大解釈にほかならない。あくまでも前述のように空港・港湾を管理する自治体の手続きに従わなければならないのである。

そのため米軍の意を受ける日本政府から自治体に対し、平素からの軍事利用に協力するよう圧力がかけられるおそれもある。しかし、軍事利用を自治体に強いることは、地方自治への干渉、侵害にほかならない。

空港・港湾を管理する自治体の手続きをめぐっては、前出の内閣官房のホームページの「特定利用空港・港湾」の「円滑な利用に関する枠組み」に関する「Q&A」でも、「港湾法や空港法等の既存の法令」にもとづいて「関係者間で連携」し、「利用について調整する」と説明されている。また前出の国と高知県の「確認事項」にも、「港湾法その他の関係法令等を踏まえ」と明記されている。

やはり、あくまでも自治体の港湾管理条例や空港管理条例など「既存の法令」「関係法令等」の手続きに従って、調整をしなければならないのである。政府は自衛隊や海上保安庁による空港・港湾の使用を自治体に強制できないのだ。

新倉さんも、重要影響事態法にもとづく自衛隊や米軍の艦艇による港湾の使用について、内閣官房・防衛省・外務省が連名で出した同法の解説文書(二〇一六年)に、自衛隊や米軍が「地方公共団体の管理する港湾施設を使用しようとする場合、重要影響事態においても、通常と同様、地方公共団体の長(港湾管理者)の許可を得る必要がある」と書かれている点を指摘する。

「これも自治体の港湾管理権がいかに強固なものであるかを証明しています。自治体には港湾法に根ざして港湾を軍事利用させないという、いわば自治体の〝平和力〟が備わっているのです。港湾が軍事利用されるということは、戦争で攻撃目標になって周辺住民に戦禍が及ぶリスクを高めると同時に、その地域が出撃拠点となり、戦争の加害者になってしまうことでもあります。自治体の港湾管理権が侵略戦争の歴史への反省から生まれたという原点を大事にしたいですね」

自治体を国の下請け機関に――地方自治法改正の狙い

有事における自衛隊や米軍への自治体と民間の協力については、一九九九年の周辺事態法(現・重要影響事態法)、二〇〇三年の武力攻撃事態法(現・事態対処法)、〇四年の特定公共施設利用法や米軍行動円滑化法、一五年の安保法制など一連の有事法制で規定されている。自衛隊や米軍に対する自治体や民間企業などによる輸送、空港・港湾業務、整備、給水、医療、通信などの分野での協力体制(兵站支援)が築かれている。しかし、自治体や民間の協力は、罰則を伴う強制的なものではない。政府に労働者を強制動員する権限までは認められていない。

それは国会での政府答弁でも明らかにされている。たとえば二〇一五年の安保法制の法案審議において、中谷元防衛大臣(当時)は「国以外の者(自治体や民間企業)」に対し「何ら協力を強制するものではない」と答弁した(二〇一五年九月九日、参議院我が国及び国際社会の平和安全法制に関する特別委員会)。自衛隊や米軍が空港・港湾を使用する場合も、前述のように管理者の自治体が定める手続きに従わなければならない。

しかし、懸念されるのは二〇二四年六月に国会で成立した改正地方自治法である。同法では第一四章を新設し、その第二五二条の二六の五で、「各大臣は、国民の安全に重大な影響を及ぼす事態が発生し、又は発生するおそれがある場合」において、「その担任する事務に関し、生命等の保護の措置の的確かつ迅速な実施を確保するため特に必要がある」ときは、「他の法律の規定」にもとづいて「必要な指示をすることができる場合」を除き、閣議決定を経て、「その必要な限度」において自治体の「事務の処理」について「生命等の保護の措置の的確かつ迅速な実施を確保するため講ずべき措置」に関して、「必要な指示をすることができる」と規定した。

この「国民の安全に重大な影響を及ぼす事態」について、政府は大規模災害や感染症パンデミックを例示している。国会での法案審議でも問題になった有事での適用については、木原稔防衛大臣が「重要影響事態、武力攻撃事態、存立危機事態等への対応に関しては、重要影響事態法や事態対処法などで必要な規定が整備されており、これらの法律の規定に従って地方自治体に対して協力を求める」との答弁をした（二〇二四年六月五日、参議院本会議）。すなわち有事において地方自治法改正案にある指示権の行使はされないという趣旨である。

また法案の所管大臣である松本剛明総務大臣（当時）も、「自衛隊、海上保安庁の優先利用のために、個別法で想定されていない事態に備える補充的な指示を行使することは想定されていない」と答弁した(二〇二四年五月二三日、衆議院総務委員会)。

さらに、法案成立後の二〇二四年八月に総務省自治行政局が公表した文書、「地方自治法第二編新第一四条「国民の安全に重大な影響を及ぼす事態における国と普通地方公共団体との関係等の特例」の運用等の考え方について」にも、「武力攻撃事態等への対応については、事態対処法制において必要な規定が設けられており、改正法に基づく関与を行使することは考えておらず、事態対処法制に基づき対応する考えである」と書かれ、有事での「指示権」の適用はされないと明らかにしている。

しかし、そのような内容は条文として同法に明記されているわけではない。国会での法案審議において、総務省自治行政局の山野謙局長(当時)がいったんは、武力攻撃事態など有事の際の適用も「除外するものではない」という答弁もしている(二〇二四年五月二三日、衆議院総務委員会)。有事でも改正地方自治法にもとづき、政府による自治体への指示がなされる懸念が、ぬぐい去られたわけではない。

自衛隊や米軍による空港・港湾の軍事利用をめぐって、この政府による自治体への「指示権」が適用されかねないことはやはり警戒しておくべきである。適用させないように、前出の木原防衛大臣と松本総務大臣の答弁や総務省自治行政局長名義の文書で、有事での適用を否定した政府見解を守らせなければならない。

この「指示権」の新設を目玉とする地方自治法改正は、憲法が保障する地方自治を否定し、自民党改憲案の緊急事態条項の先取りともいえる違憲の法改正、法改悪だ。自治体を政府の下請け機関化しようとする狙いが秘められている。戦争準備の一環ともいえる。

緊急事態条項の新設をもくろむ自民党改憲案

しかし、今回の地方自治法改正案の国会審議において、この自治体への「指示権」について野党からの追及や、自由法曹団など法律家団体などからの強い反対もあり、政府側は「有事には適用しない」旨の答弁をせざるをえなかった。

そこで、政府・自民党がもくろんでいるのが、緊急事態条項の新設を盛り込む改憲である。二〇二四年八月、岸田首相は退陣を表明したが、憲法第九条への自衛隊明記の自民党改憲案の推進の申し送りをし、自民党総裁選の各候補はのきなみ憲法第九条への自衛隊明記と緊急事態条項の新設の改憲を唱えた。岸田首相の後に政権の座についた石破茂首相も、根っからの改憲推進派である。

緊急事態条項は、日本国憲法に規定されていない国家緊急権（「戦争・内乱・恐慌・大規模な自然災害など、平時の統治機構をもっては対処できない非常事態において、国家の存立を維持するために、国家権力が、立憲的な憲法秩序（人権の保障と三権分立）を一時停止して非常措置をとる権限」芦部信喜『憲法　第八版』岩波書店、二〇二三年）にもとづくもので、緊急事態における政府の権限を絶大なものとさせる。

自民党の「四項目改憲案」（六五―六六ページ参照）の「条文イメージ」（二〇一八年）では、緊急事態条項の新設によって、内閣は大地震など大規模災害時に、国会での法律制定を待ついとまがない場合、国民の生命・身体・財産を保護するため、政令を制定できるとされる。それは自然災害に関してだけではなく、有事法制のひとつ国民保護法にある「武力攻撃災害」という規定をあてはめる拡大解釈によって、有事＝戦時にも適用できる余地がある。

さらに、自民党憲法改正実現本部は二〇二四年九月二日、緊急事態条項の新設に関する「論点整理」で、「国会による法律制定を待ついとまがない場合に内閣が発出する緊急政令につい
ても、条文イメージの枠組みを前提とし、対象とする緊急事態の類型は大地震その他の異常かつ大規模な災害、武力攻撃、テロ・内乱、感染症まん延等」とするとした。まさに有事である「武力攻撃、テロ・内乱」のケースも緊急事態にふくまれ、「緊急政令」を出せるとより踏み込

んだ方針を、自民党は掲げたのである。

それは国民統制・動員、治安維持などに強制力を持たせるための裏づけのある措置を、内閣が国会を通さずに独裁的に政令を制定して実行できる仕組みなのである。国民・市民の権利と自由が制限され、侵害される危険性が高い。新たな〝国家総動員体制〟に利用されるおそれがある。

緊急事態条項の新設は、自衛隊や米軍に対する自治体や民間の有事＝戦時の協力に強制力を持たせ、動員体制を築く狙いがあるとみられる。改正地方自治法の国による自治体への「指示権」を有事にも事実上適用させる狙いもあるだろう。

アメリカとともに戦争をする体制をつくりあげるには、やはり改憲が必要だと自民党・政府は考えているのではないか。「安保三文書」の軍事優先の方針を徹底させるための改憲への策動でもある。

自民党の憲法第九条への自衛隊明記の改憲案には、第九条二項の戦力不保持と交戦権否定を空文化させ、歯止めを取りはらい、事実上の戦力と交戦権を可能とする狙いがこめられている。安保法制では一応限定的なものとされた集団的自衛権の行使を、全面的（フルスペック）な行使可能へと拡大させる意図も秘められている。

「再び戦争の惨禍」が起きないように

「安保三文書」による大軍拡は、東アジアで軍拡競争を招き、台湾有事など戦争を誘発しかねない。日本が戦場となり甚大な被害を受けるリスクも高める。アメリカの戦争に加担し、空港・港湾が出撃拠点ともなり、日本がふたたび戦争の加害者となる過ちを繰り返しかねない。

自治体を有事体制に組み込み、住民に戦禍をもたらす棄民政策としての空港・港湾の軍事利用。それが問題の本質である。自治体は空港・港湾の管理権にもとづいて、米軍や自衛隊による軍事利用を拒否できること、地域住民と国民・市民全般がそれを後押しすることの重要性をあらためて認識することが必要だ。

そして、改正地方自治法による政府の自治体への「指示権」は有事には適用されないとの政府見解がありながらも、それを打ち消すように緊急事態条項を新設し、憲法第九条に自衛隊を明記させる改憲案の危険性を知らなければならない。

また空港・港湾の軍事利用、弾薬庫建設、ミサイル基地配備などの問題に関して、「安全保障は国の専管事項」という政府の主張を、自治体も住民もうのみにして思考停止におちいってしまうのは危険である。これは地域住民が戦禍に巻き込まれ、戦争の被害者にも加害者にもなるリスクが高まる問題であり、国に白紙委任状を渡してしまうようなことはけっしてあってはならない。

憲法前文にあるように、「政府の行為によって再び戦争の惨禍が起きることのないようにする」ために、主権在民、地方自治、表現の自由などが憲法で保障されている。アメリカ優先・米軍優先の、主権なき大軍拡を進める「安全保障」政策に反対しなければ、「再び戦争の惨禍」を招くことになる。いまその分岐点に私たちは立たされている。

主要参考文献（各章関連順。本文に明記した文献は省いた）

安保破棄中央実行委員会編・発行『岸田大軍拡と「戦争国家」づくり――政府の新「安保3文書」を斬る』二〇二三年。

「しんぶん赤旗」政治部安保・外交班『徹底追及 安保3文書――戦争の準備でなく平和の準備を』日本共産党中央委員会出版局、二〇二四年。

「標的の島」編集委員会編『標的の島――自衛隊配備を拒む先島・奄美の島人』社会批評社、二〇一七年。

小西誠『自衛隊の南西シフト――戦慄の対中国・日米共同作戦の実態』社会批評社、二〇一八年。

小西誠『ミサイル攻撃基地と化す琉球列島――日米共同作戦下の南西シフト』社会批評社、二〇二一年。

布施祐仁『日米同盟・最後のリスク――なぜ米軍のミサイルが日本に配備されるのか』創元社、二〇二二年。

土岐直彦『南西諸島を自衛隊ミサイル基地化』かもがわ出版、二〇二二年。

東アジア共同体研究所琉球・沖縄センター編『虚構の新冷戦――日米軍事一体化と敵基地攻撃論』芙蓉書房出版、二〇二〇年。

半田滋『台湾侵攻に巻き込まれる日本――安倍政治の「継承者」、岸田首相による敵基地攻撃・防衛費倍増の真実』あけび書房、二〇二三年。

斉藤光政『新冷戦考――日本の防衛力の今』小学館、二〇二三年。

田岡俊次『台湾有事 日本の選択』朝日新書、二〇二三年。

高井弘之『日米の「対中国戦争態勢」とは何か』第四企画、二〇二三年。

三上智恵『戦雲――要塞化する沖縄、島々の記録』集英社新書、二〇二四年。

島本慈子「いま宮古島で何が起きているのか」『世界』二〇二一年九月号。

清水早子「戦争準備が進む宮古島・離島の孤立する闘い」『平和運動』二〇二一年一二月号。

下地あかね「家の近所から始まった小さな声に翼が与えられ」『日本の進路』二〇二三年一一月号。

伊波洋一「再び戦場の島とさせないために」『世界』二〇二〇年一〇月号。

林茂夫『徴兵準備はここまで来ている』三一書房、一九七三年。

林茂夫『高校生と自衛隊――広報・募集・徴兵作戦』高文研、一九八六年。

布施祐仁『経済的徴兵制』集英社新書、二〇一五年。

三宅勝久『絶望の自衛隊――人間破壊の現場から』花伝社、二〇二二年。

前田定孝「市区町村による自衛隊への住基情報提供の違法性について」『住民と自治』二〇二二年二月号。

前田定孝「市町村が住民の氏名・住所を自衛隊募集のために外部提供することの公共性?」『季刊　自治と分権』二〇二三年七月号。

有田崇浩「「安保三文書」のもとでの自衛隊員募集を考える」『議会と自治体』二〇二三年九月号。

違法公金支出損害賠償住民請求訴訟(「自衛隊名簿提供訴訟」福岡)原告団「訴状」等、二〇二一年。

池内了・青井未帆・杉原浩司編『亡国の武器輸出――防衛装備移転三原則は何をもたらすか』合同出版、二〇一七年。

池内了・古賀茂明・杉原浩司・望月衣塑子『武器輸出大国ニッポンでいいのか』あけび書房、二〇一六年。

望月衣塑子『武器輸出と日本企業』角川新書、二〇一六年。

東京新聞社会部『兵器を買わされる日本』文春新書、二〇一九年。

杉原浩司「軍需産業を強化する日本」『世界』二〇二三年七月号。

山添拓「日本を武器輸出大国にしてはならない」『前衛』二〇二四年六月号。

竹内真「軍需産業支援法の成立をどうみるか」『経済』二〇二三年一〇月号。

稲葉剛『生活保護から考える』岩波新書、二〇一三年。

稲葉剛『貧困パンデミック――寝ている『公助』を叩き起こす』明石書店、二〇二一年。

石黒好美編著・白井康彦監修『いのちのとりで裁判に学ぶ　わたしたちの生活保護』風媒社、二〇二一年。

吉永純「コロナ禍が明らかにした貧困と生活保護行政の動向、生活保護裁判の到達点――生活保護をあたりまえの権利に。「天王山」の二〇二三年(上・下)」『前衛』二〇二三年三月号・四月号。

「新生存権裁判東京」原告団・弁護団「訴状」等、二〇一八年。

末浪靖司『「日米指揮権密約」の研究――自衛隊はなぜ、海外へ派兵されるのか』創元社、二〇一七年。

山根隆志・石川巖『イラク戦争の出撃拠点――在日米軍と「思いやり予算」の検証』新日本出版社、二〇〇三年。

小柴康男『アメリカの戦争と横田基地――隠された真実に光をあてる』私家版、二〇二〇年。

安保破棄中央実行委員会編・発行『改訂版　オスプレイと日米安保』二〇一七年。

高橋美枝子「CV22オスプレイを横田基地に配備するな!――首都東京の横田基地が特殊作戦の出撃拠点に」『前衛』二〇一八年七月号。

ジョン・ミッチェル、阿部小涼訳『追跡　日米地位協定と基地公害――「太平洋のゴミ捨て場」と呼ばれて』岩波書店、二〇一八年。

諸永裕司『消された水汚染――「永遠の化学物質」ＰＦＯＳ・ＰＦＯＡの死角』平凡社新書、二〇二二年。

原田浩二編著『これでわかるＰＦＡＳ汚染――暮らしに侵入した「永遠の化学物質」』合同出版、二〇二三年。

原田浩二『水が危ない！　消えない化学物質「ＰＦＡＳ」から命を守る方法』河出書房新社、二〇二四年。

佐賀空港自衛隊駐屯地建設工事差止訴訟原告団・弁護団「訴状」等、二〇二三年。

東森英男・水口芳廣・篠田清「「特定利用空港・港湾」指定を許さない」『議会と自治体』二〇二四年六月号。

あとがき

本文を書き終えたあとも、大軍拡と軍事費膨張、米日軍事一体化、社会保障費抑制策は進み、新たな動きがいくつも報じられている。

二〇二四年一一月、防衛省は二四年度の補正予算案として過去最高額の八二六八億円を計上した。「もがみ」型護衛艦、一二式地対艦ミサイル、陸自佐賀駐屯地などの費用に充てるという。同予算案は一二月一七日にそのまま成立し、同年度の軍事費(防衛費)の当初予算七兆九四九六億円と合わせて、八兆七七六四億円もの巨費が軍事にそそぎこまれることになった。石破首相は二四年一二月六日の参議院予算委員会で、今後、軍事費の対GDP比二パーセント超へのさらなる増額もありえるという趣旨の答弁をした。軍事費はどこまで膨れ上がるかわからない。

二〇二四年一二月七〜一四日、自衛隊と米軍とオーストラリア軍は、共同指揮所演習「ヤマサクラ」を陸自の朝霞駐屯地と健軍駐屯地で実施した。同演習が始まった一九八二年以降、最大規模の陸自約五五〇〇人、米軍約一三五〇人、オーストラリア軍約二五〇人が参加。南西諸島とみられる島嶼部の防衛やその奪還の水陸両用作戦などを、コンピューターでシミュレーションする図上演習で、対中国戦を想定したものだろう。

二〇二四年一二月四日には、在日米宇宙軍司令部が横田基地に新設された。航空自衛隊の宇宙作戦群と連携し、偵察衛星の情報共有、弾道ミサイル発射の監視、中国やロシアの軍事衛星の活動監視など宇宙領域での協力を強化する方針だ。やはり米宇宙軍側が主導権を握るにちがいない。

二〇二四年一一月一二日、米軍の準機関紙『星条旗新聞』は、在日米軍司令部を横田基地から東京都港区六本木の米軍基地、赤坂プレスセンター（麻布米軍ヘリ基地または六本木ヘリポート）に移転する案が検討されていると報じた。

陸・海・空自衛隊の部隊を一元的に指揮するため新設される「統合作戦司令部」の、カウンターパートナーは在日米軍司令部だ。そのため同司令部は在日米軍基地の管理だけでなく指揮・統制もできる「統合軍司令部」として再編成される。自衛隊の統合作戦司令部は防衛省のある市ヶ谷に置かれる。そこに近い都心の六本木に在日米軍司令部を移す案は、自衛隊側との連携を司令部レベルでもより強めることを狙ったものだ。それは自衛隊を米軍の事実上の指揮下で戦わせる体制づくりと結びついている。

しかし、一国の首都中央の一等地に外国軍隊が司令部を構えようとすること自体、尋常ではない。露骨な「宗主国」意識の表れだ。日本政府は移転案を受け入れるのだろうか。自発的対米従属の意識に染まった政府は拒否できないのではないか。

財務省は二〇二五年度予算編成に向けて、生活保護費の減額(生活保護基準の引き下げ)を主張している。多くの生活保護利用者が物価高騰に悩まされているにもかかわらず、財務省は軍事費膨張が財政に与える影響は棚に上げて、財政再建の名のもと社会保障費抑制に固執している。憲法が保障する生存権よりも軍事を優先する国策がまかり通る状況が続いている。

トランプ新政権は日本政府に、軍事費のさらなる増額、駐留米軍経費の大幅な負担増、アメリカ製兵器の輸入拡大を求めてくるとみられる。その露骨な対日要求の実態を見て、日本を利用し尽くそうとするアメリカの思惑、戦略に気づき、このままではいけないと考える人が増えるかもしれない。いずれにしても、有事を煽る政治家やマスメディアの言説に惑わされず、借りものではない自分自身の言葉で考え抜きたい。

本書は『世界』二〇二四年四月〜七月号連載記事「ルポ　軍事優先社会」と『前衛』二〇二四年

六月号掲載記事「自治体を有事体制に組み込む「特定利用空港・港湾」指定」に、大幅に加筆したものです。

二〇二三年一一月〜二四年八月の一連の取材と二一年七月の取材に各地でご協力くださり、貴重なお話をお聞かせくださった皆様に心より感謝申し上げます。記事の連載、掲載に際して大変お世話になりました『世界』編集長の堀由貴子氏、『世界』編集部の中山永基氏(現・岩波新書編集部編集長)、『前衛』編集部の小野川禎彦氏にも厚くお礼を申し上げます。岩波新書編集部の田中宏幸氏には、本書の企画段階から一貫して的確なご助言と激励のお言葉をいただき、刊行にご尽力いただきました。あらためて厚くお礼を申し上げます。

二〇二四年一二月

吉田敏浩

吉田敏浩

1957年，大分県臼杵市生まれ．

ジャーナリスト．

ビルマ(ミャンマー)北部のカチン人など少数民族の自治権を求める戦いと生活と文化を長期取材した記録，『森の回廊』(NHK出版)で大宅壮一ノンフィクション賞を受賞．近年は戦争のできる国に変わるおそれのある日本の現状を取材．『「日米合同委員会」の研究』(創元社)で日本ジャーナリスト会議賞(JCJ賞)を，『赤紙と徴兵』(彩流社)で「いける本」大賞を受賞．

著書に『ルポ 戦争協力拒否』(岩波新書)，『密約 日米地位協定と米兵犯罪』『沖縄 日本で最も戦場に近い場所』(以上，毎日新聞社)，『横田空域』(角川新書)，『日米戦争同盟』(河出書房新社)，『日米安保と砂川判決の黒い霧』(彩流社)，『追跡！ 謎の日米合同委員会』『昭和史からの警鐘』(以上，毎日新聞出版)など多数．

ルポ 軍事優先社会
—暮らしの中の「戦争準備」　　岩波新書(新赤版)2053

2025年2月20日　第1刷発行

著　者　吉田敏浩《よしだとしひろ》

発行者　坂本政謙

発行所　株式会社 岩波書店
〒101-8002 東京都千代田区一ツ橋2-5-5
案内 03-5210-4000　営業部 03-5210-4111
https://www.iwanami.co.jp/

新書編集部 03-5210-4054
https://www.iwanami.co.jp/sin/

印刷・三陽社　カバー・半七印刷　製本・中永製本

ISBN 978-4-00-432053-1　　Printed in Japan

岩波新書新赤版一〇〇〇点に際して

ひとつの時代が終わったと言われて久しい。だが、その先にいかなる時代を展望するのか、私たちはその輪郭すら描きえていない。二〇世紀から持ち越した課題の多くは、未だ解決の緒を見つけることのできないままであり、二一世紀が新たに招きよせた問題も少なくない。グローバル資本主義の浸透、憎悪の連鎖、暴力の応酬——世界は混沌として深い不安の只中にある。

現代社会においては変化が常態となり、速さと新しさに絶対的な価値が与えられた。消費社会の深化と情報技術の革命は、種々の境界を無くし、人々の生活やコミュニケーションの様式を根底から変容させてきた。ライフスタイルは多様化し、一面では個人の生き方をそれぞれが選びとる時代が始まっている。同時に、新たな格差が生まれ、様々な次元での亀裂や分断が深まっている。社会や歴史に対する意識が揺らぎ、普遍的な理念に対する根本的な懐疑や、現実を変えることへの無力感がひそかに根を張りつつある。そして生きることに誰もが困難を覚える時代が到来している。

しかし、日常生活のそれぞれの場で、自由と民主主義を獲得し実践することを通じて、私たち自身がそうした閉塞を乗り超え、希望の時代の幕開けを告げてゆくことは不可能ではあるまい。そのために、いま求められていること——それは、個と個の間で開かれた対話を積み重ねながら、人間らしく生きることの条件について一人ひとりが粘り強く思考することではないか。その営みの糧となるものが、教養に外ならないと私たちは考える。歴史とは何か、よく生きるとはいかなることか、世界そして人間はどこへ向かうべきなのか——こうした根源的な問いとの格闘が、文化と知の厚みを作り出し、個人と社会を支える基盤としての教養となった。まさにそのような教養への道案内こそ、岩波新書が創刊以来、追求してきたことである。

岩波新書は、日中戦争下の一九三八年一一月に赤版として創刊された。創刊の辞は、道義の精神に則らない日本の行動を憂慮し、批判的精神と良心的行動の欠如を戒めつつ、現代人の現代的教養を刊行の目的とする、と謳っている。以後、青版、黄版、新赤版と装いを改めながら、合計二五〇〇点余りを世に問うてきた。そして、いままた新赤版が一〇〇〇点を迎えたのを機に、人間の理性と良心への信頼を再確認し、それに裏打ちされた文化を培っていく決意を込めて、新しい装丁のもとに再出発したいと思う。一冊一冊から吹き出す新風が一人でも多くの読者の許に届くこと、そして希望ある時代への想像力を豊かにかき立てることを切に願う。

（二〇〇六年四月）

岩波新書より

社会

不適切保育はなぜ起こるのか　普光院亜紀
なぜ難民を受け入れるのか　橋本直子
罪を犯した人々を支える　藤原正範
女性不況サバイバル　竹信三恵子
パリの音楽サロン　青柳いづみこ
持続可能な発展の話　宮永健太郎
皮革とブランド 変化するファッション倫理　西村祐子
動物がくれる力 教育、福祉、そして人生　大塚敦子
政治と宗教　島薗進編
超デジタル世界　西垣通
現代カタストロフ論　金子勝・児玉龍彦
「移民国家」としての日本　宮島喬
迫りくる核リスク 〈核抑止〉を解体する　吉田文彦
記者がひもとく「少年」事件史　川名壮志

中国のデジタルイノベーション　小池政就
これからの住まい　川崎直宏
検察審査会　デイビッド・T・ジョンソン・平山真理・福来寛
ドキュメント〈アメリカ世〉の沖縄　宮城修
東京大空襲の戦後史　栗原俊雄
土地は誰のものか　五十嵐敬喜
民俗学入門　菊地暁
企業と経済を読み解く小説50　佐高信
視覚化する味覚　久野愛
ロボットと人間 人とは何か　石黒浩
ジョブ型雇用社会とは何か　濱口桂一郎
法医学者の使命 「人の死を生かす」ために　吉田謙一
異文化コミュニケーション学　鳥飼玖美子
モダン語の世界へ　山室信一
時代を撃つノンフィクション100　佐高信

労働組合とは何か　木下武男
プライバシーという権利　宮下紘
地域衰退　宮﨑雅人
江戸問答　田中優子・松岡正剛
広島平和記念資料館は問いかける　志賀賢治
コロナ後の世界を生きる　村上陽一郎編
リスクの正体　神里達博
紫外線の社会史　金凡性
「勤労青年」の教養文化史　福間良明
5G 次世代移動通信規格の可能性　森川博之
客室乗務員の誕生　山口誠
「孤独な育児」のない社会へ　榊原智子
放送の自由　川端和治
社会保障再考 〈地域〉で支える　菊池馨実
生きのびるマンション　山岡淳一郎
虐待死 なぜ起きるのか、どう防ぐか　川崎二三彦
平成時代◆　吉見俊哉

岩波新書より

バブル経済事件の深層　奥山俊宏／村山治
日本をどのような国にするか　丹羽宇一郎
なぜ働き続けられない？　社会と自分の力学　鹿嶋敬
物流危機は終わらない　首藤若菜
認知症フレンドリー社会　徳田雄人
アナキズム　一丸となってバラバラに生きろ　栗原康
総介護社会　小竹雅子
賢い患者　山口育子
住まいで「老活」　安楽玲子
現代社会はどこに向かうか　見田宗介
EVと自動運転　クルマをどう変えるか　鶴原吉郎
ルポ 保育格差◆　小林美希
棋士とAI　王銘琬
科学者と軍事研究　池内了
原子力規制委員会　新藤宗幸
東電原発裁判　添田孝史
日本問答　田中優子／松岡正剛

日本の無戸籍者　井戸まさえ
〈ひとり死〉時代のお葬式とお墓　小谷みどり
町を住みこなす　大月敏雄
歩く、見る、聞く　人びとの自然再生　宮内泰介
対話する社会へ　暉峻淑子
悩みいろいろ　金子勝
魚と日本人　食と職の経済学　濱田武士
ルポ 貧困女子　飯島裕子
鳥獣害　動物たちと、どう向きあうか　祖田修
科学者と戦争　池内了
新しい幸福論　橘木俊詔
ブラックバイト　学生が危ない　今野晴貴
ルポ 母子避難　吉田千亜
日本病　長期衰退のダイナミクス◆　金子勝／児玉龍彦
雇用身分社会　森岡孝二
生命保険とのつき合い方◆　出口治明
ルポ にっぽんのごみ　杉本裕明

鈴木さんにも分かるネットの未来　川上量生
地域に希望あり◆　大江正章
世論調査とは何だろうか◆　岩本裕
フォト・ストーリー 沖縄の70年　石川文洋
ルポ 保育崩壊　小林美希
多数決を疑う　社会的選択理論とは何か　坂井豊貴
アホウドリを追った日本人　平岡昭利
朝鮮と日本に生きる　金時鐘
被災弱者　岡田広行
農山村は消滅しない　小田切徳美
復興〈災害〉　塩崎賢明
「働くこと」を問い直す　山崎憲
原発と大津波　警告を葬った人々　添田孝史
縮小都市の挑戦◆　矢作弘
福島原発事故　被災者支援政策の欺瞞◆　日野行介
日本の年金◆　駒村康平
食と農でつなぐ　福島から◆　塩谷弘康／岩崎由美子

(2024.8)　◆は品切，電子書籍版あり．(D2)

岩波新書より

過労自殺〔第二版〕◆　川人博
金沢を歩く　山出保
ドキュメント 豪雨災害　稲泉連
ひとり親家庭　赤石千衣子
女のからだ フェミニズム以後◆　荻野美穂
〈老いがい〉の時代◆　天野正子
子どもの貧困 Ⅱ　阿部彩
性と法律　角田由紀子
ヘイト・スピーチとは何か◆　師岡康子
生活保護から考える◆　稲葉剛
かつお節と日本人　宮内泰介　藤林泰
家事労働ハラスメント　竹信三恵子
福島原発事故 県民健康管理調査の闇◆　日野行介
電気料金はなぜ上がるのか◆　朝日新聞経済部
おとなが育つ条件　柏木惠子
在日外国人〔第三版〕　田中宏
まち再生の術語集　延藤安弘
震災日録 記憶を記録する◆　森まゆみ

原発をつくらせない人びと　山秋真
社会人の生き方◆　暉峻淑子
構造災 科学技術社会に潜む危機　松本三和夫
家族という意志◆　芹沢俊介
夢よりも深い覚醒へ◆　大澤真幸
3・11 複合被災◆　外岡秀俊
子どもの声を社会へ　桜井智恵子
就職とは何か◆　森岡孝二
日本のデザイン　原研哉
ポジティヴ・アクション　辻村みよ子
脱原子力社会へ◆　長谷川公一
希望は絶望のど真ん中に　むのたけじ
アスベスト 広がる被害　大島秀利
原発を終わらせる　石橋克彦編
日本の食糧が危ない　中村靖彦
希望のつくり方　玄田有史
生き方の不平等◆　白波瀬佐和子
同性愛と異性愛　風間孝　河口和也
新しい労働社会　濱口桂一郎

世代間連帯　上野千鶴子　辻元清美
子どもの貧困　阿部彩
子どもへの性的虐待◆　森田ゆり
反貧困　湯浅誠
不可能性の時代　大澤真幸
地域の力　大江正章
少子社会日本　山田昌弘
「悩み」の正体　香山リカ
変えてゆく勇気◆　上川あや
戦争で死ぬ、ということ　島本慈子
ルポ 改憲潮流　斎藤貴男
社会学入門　見田宗介
少年事件に取り組む　藤原正範
悪役レスラーは笑う◆　森達也
いまどきの「常識」◆　香山リカ
働きすぎの時代◆　森岡孝二
桜が創った「日本」　佐藤俊樹
生きる意味　上田紀行
社会起業家◆　斎藤槙

岩波新書より

逆システム学◆　金子勝　児玉龍彦
当事者主権　中西正司　上野千鶴子
豊かさの条件　暉峻淑子
クジラと日本人　大隅清治
人生案内　落合恵子
若者の法則　香山リカ
原発事故はなぜくりかえすのか　高木仁三郎
証言 水俣病　栗原彬編
日の丸・君が代の戦後史◆　田中伸尚
コンクリートが危ない　小林一輔
バリアフリーをつくる　光野有次
ドキュメント屠場　鎌田慧
現代社会の理論　見田宗介
原発事故を問う◆　七沢潔
ディズニーランドという聖地　能登路雅子
原発はなぜ危険か◆　田中三彦
豊かさとは何か　暉峻淑子
異邦人は君ヶ代丸に乗って　金賛汀

読書と社会科学　内田義彦
文化人類学への招待◆　山口昌男
ビルマ敗戦行記　荒木進
プルトニウムの恐怖◆　高木仁三郎
日本の私鉄　和久田康雄
社会科学における人間　大塚久雄
女性解放思想の歩み　水田珠枝
沖縄ノート　大江健三郎
沖縄　比嘉春潮
民話　関敬吾
唯物史観と現代〔第二版〕　梅本克己
民話を生む人々　山代巴
米軍と農民　阿波根昌鴻
沖縄からの報告　瀬長亀次郎
結婚退職後の私たち　塩沢美代子
ユダヤ人◆　J-P・サルトル　安堂信也訳
社会認識の歩み◆　内田義彦
社会科学の方法　大塚久雄
自動車の社会的費用　宇沢弘文

上海　殿木圭一
現代支那論　尾崎秀実

(2024.8)　◆は品切，電子書籍版あり．(D4)

岩波新書より

政治

- 検証 政治とカネ　上脇博之
- ケアの倫理　岡野八代
- さらば、男性政治　三浦まり
- 日米地位協定の現場を行く　山本章子・宮城裕也
- 職業としての官僚　嶋田博子
- 学問と政治 学術会議任命拒否問題とは何か　芦名定道・宇野重規・岡田正則・小沢隆一・加藤陽子・松宮孝明
- 検証 政治改革 なぜ劣化を招いたのか　川上高志
- 政治責任 民主主義とのつき合い方　鵜飼健史
- 人権と国家　筒井清輝
- 「オピニオン」の政治思想史　堤林剣・堤林恵
- 戦後政治史〔第四版〕　石川真澄・山口二郎
- 尊厳　マイケル・ローゼン　内尾太一・峯陽一訳
- デモクラシーの整理法　空井護

- 地方の論理　小磯修二
- SDGs　南博・稲場雅紀
- 暴君　スティーブン・グリーンブラット　河合祥一郎訳
- ドキュメント 強権の経済政策　軽部謙介
- リベラル・デモクラシーの現在　樋口陽一
- 民主主義は終わるのか　山口二郎
- 女性のいない民主主義　前田健太郎
- 平成の終焉　原武史
- 日米安保体制史　吉次公介
- 官僚たちのアベノミクス　軽部謙介
- 在日米軍 変貌する日米安保体制　梅林宏道
- 矢内原忠雄 戦争と知識人の使命　赤江達也
- 憲法改正とは何だろうか　高見勝利
- 共生保障〈支え合い〉の戦略　宮本太郎
- シルバー・デモクラシー 戦後世代の覚悟と責任◆　寺島実郎
- 憲法と政治　青井未帆

- 18歳からの民主主義◆　岩波新書編集部編
- 検証 安倍イズム　柿崎明二
- 右傾化する日本政治　中野晃一
- 外交ドキュメント 歴史認識◆　服部龍二
- 日米〈核〉同盟 原爆、核の傘、フクシマ　太田昌克
- 集団的自衛権と安全保障　豊下楢彦・古関彰一
- 日本は戦争をするのか　半田滋
- アジア力の世紀　進藤榮一
- 民族紛争　月村太郎
- 政治的思考　杉田敦
- 現代日本の政党デモクラシー　中北浩爾
- サイバー時代の戦争◆　谷口長世
- 現代中国の政治◆　唐亮
- 政権交代とは何だったのか◆　山口二郎
- 日本の国会　大山礼子
- 戦後政治史〔第三版〕　石川真澄・山口二郎
- 〈私〉時代のデモクラシー　宇野重規

岩波新書/最新刊から

2044
信頼と不信の哲学入門
キャサリン・ホーリー 著
稲岡大志
杉本俊介 監訳
信頼される人、組織になるにはどうすればよいのか。進化論、経済学の知見を借りながら、哲学者が迫った知的発見あふれる一冊。

2045
ピーター・ドラッカー
—「マネジメントの父」の実像—
井坂康志 著
著作と対話を通して、彼が真に語りたかったことは。「マネジメントの父」の裏側にある実像を、最晩年の肉声に触れた著者が描く。

2046
力道山
—「プロレス神話」と戦後日本—
斎藤文彦 著
外国人レスラーを倒し、戦後日本を熱狂させた国民的ヒーロー。神話に包まれたその実像とは。そして時代は彼に何を投影したのか。

2047
芸能界を変える
—たった一人から始まった働き方改革—
森崎めぐみ 著
ルールなき芸能界をアップデートしようと、役者でありながら奮闘する著者が、芸能界のこれまでとこれからを描き出す。

2048
アメリカ・イン・ジャパン
—ハーバード講義録—
吉見俊哉 著
黒船、マッカーサー、原発……、「日本の中のアメリカ」を貫く力学とは？　ハーバード大講義の記録にして吉見アメリカ論の集大成。

2049
非暴力主義の誕生
—武器を捨てた宗教改革—
踊共二 著
宗教改革の渦中に生まれ、迫害されながらも非暴力を貫くある少数派の信仰は私たちに何をもたらしたか。愛敵と赦しの五〇〇年史。

2050
孝経
儒教の歴史二千年の旅
橋本秀美 著
東アジアで『論語』とならび親しまれてきた『孝経』は、儒教の長い歩みを映し出す鏡のような存在だ。スリリングな古典への案内。

2051
バルセロナで豆腐屋になった
—定年後の「一身二生」奮闘記—
清水建宇 著
異国での苦労、カミさんとの二人三脚の日々—定年後の新たな挑戦をめざす全ての人へ、元朝日新聞記者が贈る小気味よいエッセイ。

(2025.2)